殺價的本質──
殺價前談價格，殺價後就跟你談規格

十字路口不要站太久，一定會被撞的。

做買賣是關係的終點，
做生意則是關係的起點。

無效最貴！

若無法突破對「價格」的恐懼，
就很難創造對「價值」的想像。

沒有期待值是最好的起點。

真正想做一件事、真的想讓它發生，
那麼天王老子也擋不住你，你一定會用盡所有方法、
人脈、創意讓它成真。

你可以低估自己，
但不要低估團隊的價值，
更不要賤賣團隊。

「無可取代」才能「無從比較」，更「無法比價」。

想當萬人迷，很容易萬箭穿心；
要做萬應公，要準備萬劫不復。

有愛很容易，但持續太難；
發願很簡單，但實現太難。

不要讓人信任你的專業，
卻不放心你的承諾。

自己把自己幹掉，你還能升天到另一個高度；
等別人把你幹掉，你就只剩下幾塊面目全非的殘肉了。

官僚就是什麼事都不做，
直到boss叫你做。

任何事，只要超過一個人要負責，
就是不會有人負責！

你若無心，公司很難對你有情。

不要try your best，
要commit yourself。

你是在幫客戶賺錢，
還是只想賺客戶的錢？

狗猛酒酸，
才華永遠無法變現。

把競爭者當後視鏡——
小心不要讓他們擦到你，
但不要一直看著他們前進。

當你開始cost down，
就開啟了你自己的「潘朵拉之盒」。

在最黑暗的深淵，
讓自己成為那道光。

生氣前「想他的好」，
人離開後「記得他的好」。

讓過去的傷成為你的盾，
不要成為身上永遠拔不出來的刺，
一碰就痛。

傷腦筋？
你若沒用腦筋，怎麼會傷呢？

錢不是真的，但錢是最好的鏡子，照出你的價值。

每個人都有阿基里斯腱，
有些人攤在檯面上，有些人若隱若現，
有些人藏到沒人能發現。

高階經理人千萬不要像關在柵欄裡的獅子，
只會在裡面吼，到外面就成了一隻貓。

沒有共同目標，
每一個人都是敵人。

用人要能看他的長處，
還要想辦法找不同人補他的短處。

你是用上班心態創業，
還是用創業心態上班？

外商CEO內傷的每一天

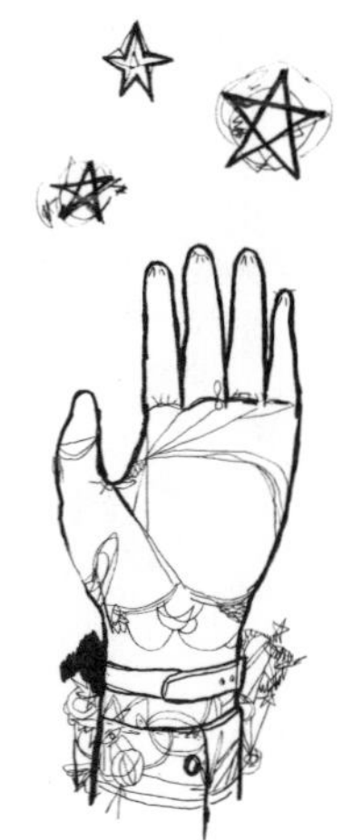

黃麗燕
瑪格麗特 Margaret
——著

獻給我最敬愛的老闆——Michael Wood。

沒有他就沒有今天的我，因爲他，我才能坐上外商CEO的位置，所以每次演講時，我都說希望有一天能成爲某人一生中的Michael Wood。

謝謝他對我的包容、慈悲與啓發。如果今天有人覺得我對他們有所幫助，那是因爲Michael Wood；如果有人對我懷有成見，那是我自己還不夠好，我會繼續努力。

推薦序

Deserve What You Want

朱鎮豪

《窮查理的普通常識》是我非常喜歡的一本書。查理·蒙格是著名投資者華倫·巴菲特的合夥人，他博學，有智慧，一生鼓吹逆向思維，對人類心理和行為有深刻的洞見與理解。查理普世智慧的妙語和格言，書中俯拾即是。例如：「驅動這世界的不是貪婪，而是妒忌。」「一個人獲得十美元的快樂，並不會正好等於失去十美元的痛苦。」「我只想知道我將來死在哪裡，這樣我就永遠不去那裡。」「若有無愛的婚姻，必有無婚姻之愛。」

當我讀瑪格麗特的《外商CEO內傷的每一天》時，我想起窮查理這本幽默睿智之書。瑪格麗特很會說故事，她用簡單的語言，以小故事說出普世智慧的大道理。自嘲是她說故事的慣用方式。她經常揶揄自己的外表、學歷和語言能力，自我示範，即使輸在人生的起跑點，只要不怨天、不尤人，不計較地學習求進，這世界會給你意想不到的機會和奇蹟！瑪格麗特和查理一樣，喜歡閱讀、觀察和思考。她以風趣、幽默的語言風格，闡述她對人生、職場百態的洞見和理解。查理有一篇非常著名的演講，題目為「如何才能過上悲慘的生活」，以逆向思維教導大家如何獲得幸福的生活。而當你閱讀本書時，你也會發覺瑪格麗特毫不客氣地點出職業經理人和企業領導者的錯誤思想和行為，讓我們以此為鏡，引以為戒，避免墮入錯誤，少走彎路，指引我們活出更有意義的事業與人生，成就他人，提升自己！

我認識瑪格麗特是十九年前的事了。那時，我就職於海尼根台灣分公司，李奧貝納是海尼根的廣告代理商，瑪格麗特是副總經理，個子小，話不多，開會時總是在寫筆記和聆聽，並沒有留給我太深的印象。一年多後，她正式成為總經理。我恭喜她的同時，心中充滿著疑惑：李奧真有創意，找最不像總經理的人當總經理！之後，我們開會互動的時間多了，讓我開始對自己以貌取人的膚淺感到慚愧。瑪格麗特熱愛工作，高效率，是管理客戶的高手中之高手。在和我的工作會議上，她總是先禮後兵，帶著微笑，問著一個又一個尖銳而深入的問題。她和她的團隊，對客戶的品牌充滿熱情和忠誠，「就是要海尼根」這家喻戶曉的廣告創意，就是在這氛圍下誕生、成長，建立了海尼根在台灣進口啤酒的領導地位，成就了它十多年的持續成長。在私下交流時，她風趣、直率卻又老練地分析周邊發生的一切，加深了我對台灣政經時勢和人文社會的認識與理解。後來，我離開了台灣，到中國大陸和歐洲工作，和瑪格麗特見面少了，常常一、兩年才見一次面。每次敘舊，她的招牌笑容依舊活潑率性，又增加了不少的溫度，真誠關心我人生與事業的起落變化，鼓勵我樂觀和懷著感恩之心去面對一切的轉折與挑戰。二〇一〇年後，我又回到台灣和中國大陸工作，李奧貝納也是我現職集團公司的廣告代理商之一，與瑪格麗特也有業務上的關係。我們一年見面數次，談公事，但更多時間是互相交流，分享在企業領導上和對人生的體悟。我曾經直接問她：「妳已領導台灣李奧貝納十多年，成績有目共睹，什麼時候退下來，好好享受人生？」她聽後，不假思索地說：「是很多的偶然讓我坐在這位置上，有一天，我必然會退下來。在這必然發生之前，我只想更加好好利用這外商CEO的位置和影響力，為台灣中小企業多做點事，也為公司年輕一代提供更多的學習機會，準備未來。我每天都在享受工作帶來的壓力、責任和自我成長與修練的機會！」瑪格麗特言行合一，她跟我分享的想法和計畫，都在一一落實執行。

「要得到你想要的東西，最可靠的辦法，是讓自己配得上擁有它！」Deserve what you want，這是查理對所有人的忠告。我不知道瑪格麗特在年輕時是否想成為外商的CEO，我看到的是，她在過去十多年一直努力求進，不斷學習，提升視野，帶著使命感去領導團隊，讓自己配得上這位置所賦予的責任和權力。我沒有和她討論過她希望透過本書傳達的思想，但我想她要說的是：人生和職場是永不休止的修練旅程，若沒有終身學習，是不會有很高的成就的。光靠已有的知識，事業前途走不了多遠！若沒有成長型思維模式和行動，並用樂觀和感恩的心去面對每一次的挫敗與挑戰，在人生中，將會跌進一個又一個自我設置的陷阱。

人到中年，我深刻體會德國諺語：「我們老得太快，聰明得太慢。」若想變得聰明，我的建議是尋找和認識比自己更聰明、更有智慧的人，然後學習、實踐他（她）們的思想和行為。瑪格麗特在外商CEO這個位置的療傷過程中的思考和觀察，像苦口良藥多於心靈雞湯，我會珍而重之！

（本文作者為Diageo帝亞吉歐大中華區董事總經理）

推薦序

剛柔並濟的俠女CEO瑪格麗特

丁菱娟

黃麗燕，江湖人稱瑪格麗特，是我不折不扣，如假包換的專科同班同學。跟她相識超過四十年了，在我眼裡，她不是高高在上、光鮮亮麗的CEO，而是那位當年被老師叫作「神童」卻仍然擁有一片赤子之心的奇女子，至今初心不變。

她在外商擔任了十多年的CEO真的跌破很多人的眼鏡，主要是她的風格跟很多外商的文化格格不入，但是她卻締造了許多外商CEO所達不到的紀錄，還連續十一年蟬聯台灣最大的綜合廣告代理商。

我自己職涯後面幾年也是因為創業公司被併購，而在外商公司擔任CEO的角色，我們兩人雖然身處不同的陣營，但是交情一直沒變。她對客戶的執著和意志力無人可比，偶而跟她約喝咖啡，她指名只能到她客戶品牌的連鎖店，喝啤酒只能喝她客戶的品牌，還一直勸我換成她客戶品牌的手機。我說不用這麼嚴厲吧，她卻說：「如果我都不愛客戶的產品，那我如何幫他們做好品牌行銷？」我俯首稱臣，愈了解就愈明白她為什麼成功。

她對客戶的用心沒有妥協的地步，同時也要求員工用客戶的商品。試想，能夠解決客戶的問題又死忠推廣客戶產品的人，客戶怎會不愛？也因此競爭廠商很難從她手中搶走客戶，她可以做到不用去比稿就讓客戶主動找上門，公司的績效年年創新高，也算是業界的傳奇，這份執著和細緻讓我對她肅然起敬。

一位英文不好的小女子可以做到外商CEO的位置，當然不會是運氣。她在本書中道出了她的努力、掙扎、堅持、失落、挫折到面對問題的心態，解決問題的思維，還有如何突破自身的限制與障礙，勇往直前達成目標，成為老外老闆也不能忽視的人。這些一路走來的心路歷程，她都無私地分享，可說是在職場上最激勵人心的故事。

面對老外老闆，她會學習從資方的思維去調整自己的心態迎接挑戰，但面對員工的權益，她可是會用瑪格麗特台式的英文吵架，為員工爭取最大的利益。柔中帶剛，剛中有柔，有嚴厲，有溫暖，就是這位俠女CEO的風格。

每個人都可以在這本書中找到自己在工作中曾經受挫和奮鬥的影子，也可以找到面對挑戰的勇氣。讀她的書，淚中帶笑，笑中帶淚。相信對於想進入外商公司或傳播業的年輕人，以及在職場中奮戰的職場工作人，這本書絕對是《葵花寶典》，值得一讀。

身為她的同班同學，我與有榮焉，這樣一位熱愛生命，認真工作，天真浪漫和腳踏實地並存的女子，一心一意想要幫台灣品牌多做點事，我希望她健康地活好每一天，繼續完成她夢想的旅程。

（本文作者為作家／新創團隊導師／世紀奧美公關創辦人）

推薦序

就算跌倒，也要跌得有尊嚴

蘇麗媚

作家龍應台在《目送》書中有段文字，我從學生階段就一直很喜歡：「我們拚命地學習如何成功衝刺一百米，但是沒有人教過我們：你跌倒時，怎麼跌得有尊嚴；你的膝蓋破得血肉模糊時，怎麼清洗傷口、怎麼包紮；你痛得無法忍受時，用什麼樣的表情去面對別人；你一頭栽下時，怎麼治療內心淌血的創傷，怎麼獲得心靈深層的平靜；心像玻璃一樣碎了一地時，怎麼收拾？」

這一連串提問，多年來也成為我經常自問的題目。無論是在親子家庭關係受挫，又或者是在職場敗陣，甚至遭到社會霸凌，理解生命這條漫漫長路的考驗，最終只有自己能夠復原。如何找到自我療癒的本領？發覺喧囂社會中可寧靜之處？這個大哉問讓人困頓，像被拋入無邊水裡，怎麼都游不上岸。

感激，總有人願意分享，傾其一生所積累的寶貴經驗，以及在無數跌撞之後練就出的自我重生心法。她慷慨、誠摯、無私地分享一條上岸的路，我們何其幸福，如此輕易得到。我非常尊敬的朋友，最local的外商CEO——瑪格麗特。

瑪格麗特，怎形容她呢？她像極了一杯用龍舌蘭酒調製，杯口沾上一層細鹽的雞尾酒，不甜膩，一不小心會有一點嗆辣，風味獨特；也像一種花期很長，生命力強盛，看似平常卻不凡的美麗花朵；最直接的認識是，她永遠嚴以律己、樂於分享，凡事不輕言放棄往前衝的特質。《外商CEO內傷的每一天》書中每一篇，都盛載了她誠摯滿滿的書寫，梳理著她用歲月交換得來的生命經驗，甚至是她從中所練習出「照看」自我的能力，她一一分享、無私傳授。

我特別喜歡書中〈輸在起跑點的人生〉這篇所提：「其實每個人都有他的話語權，我的世界只有我有話語權啊！我為什麼要活在別人嘴中的世界呢？」是，你和她談話時，她總有忠於自己的邏輯思考。〈你想坐哪個位置？〉更直率坦白地指出：「如果火箭已經要升空了，妳坐在哪個位置，有差別嗎？」犀利地讓讀者心驚但卻十分受用。〈「志氣」從來都是在的〉深刻卻清淡地論述：「『什麼時候才能放棄呢？』那就是你覺得已經堅持到一個程度，很清楚知道自己不要什麼了。」這句話質問出她用青春作交換後體悟出的哲學，可以讀到她是由內心深處想給予的真摯。篇篇精采，在我讀來偶有所啟，偶有所悟，甚至在〈自信像肌肉，肯練就會有〉這篇，性格坦白到令人止不住笑：「以前只要開口跟老外講話，我的臉就會漲紅、舌頭瞬間打結，連『How are you』都會講成『How old are you』；現在我的英文還是很台，不過跟老外爭論時，老外往往都會一直要我『calm down』。我心裡清楚：『聽嘸，是他難過，不是我難過！』」好可愛的最local外商CEO，是吧。

相信這本書能讓我們至少學得「跌倒時，怎麼跌得有尊嚴」，更明白如何勇於做自己，提醒這個世界「真實」的美好，它值得停下匆忙來，細細讀、慢慢品。

（本文作者為夢田文創創辦人暨執行長）

推薦序

你該認識「不折不扣」的瑪格麗特

周子元

剛加入李奧貝納不久時，對廣告代理商這個產業還很陌生。記得第一次學著向客戶報價，我判斷對方雖然沒有預算執行我們的提案，但是這個提案的創意很棒，具有扭轉市場的執行價值，團隊們也想拚出個好案例，於是我跑去找老闆瑪格麗特商量，看看報價是不是幫客戶打個折，讓雙方各取所需。那是她第一次在我面前搖頭嘆氣，我永遠記得她當時念我的那句話：「如果你沒辦法突破對價格的恐懼，就無法創造對價值的想像！」從那天開始，我就開始在筆記本中寫下一句句「瑪格麗特語錄」。這句話，我常在演講時與聽眾分享，也一直提醒我自己；而瑪格麗特更是徹底將其落實在她生活中的各個層面。

例如與出版社的編輯開會時，對方提醒作者購書會享有折扣，結果瑪格麗特很淡定地回說：「不必喔，我自己用原價買書！」編輯們大概很少見到這樣的作者，不斷好意地提醒說這是出版界的傳統，也是禮遇。「我一直鼓勵大家勇敢追求『加值的人生』，如果我買書還跟你們要折扣，我不就自打嘴巴？」你沒聽錯，這就是我所認識、「不折不扣」的瑪格麗特。

當然，有作者這樣拒絕出版社的好意，仍讓人意外，於是我偷偷問瑪格麗特：「如果妳不要，我可以用妳的折扣扣搭（額度）多買幾本送親友、客戶嗎？」她反應激烈地回我：「我買都沒打折扣了，你在說什麼肖話！」「你只要想，這本書的版稅收入全部都會捐出去，讓那些沒有資源的孩子有更完善的求學環境，你不也在做一件好事，為你的人生加值？」講到這，她又出現一貫天真歡喜的臉，我又默默地拿出筆記本，寫下新的「瑪格麗特語錄」。

可能有人會覺得瑪格麗特很嚴厲；是的，她很嚴厲，嚴厲到跟我約假日早餐會議，明明提早五分鐘到餐廳卻還不太好意思地跟我說：「對不起，今早誦經比較晚，遲到了！」有人會覺得瑪格麗特很愛錢；一點也沒錯，而且她不是很愛，是超愛賺錢，但是你看到很多育幼院院童寫來的感謝信，才會明白她把多數賺來的錢都捐了出來，希望更多孩子能受到好的教育。有人會覺得瑪格麗特脾氣很暴躁；完全正確，她確實很愛罵人，不過她會因為今天對你說了一句重話搞到失眠睡不著覺——她認為，沒有在工作中培養同仁正確的價值觀，就是自己失職。

認識瑪格麗特愈久，我愈學會一件事，那就是「人要有勇氣做自己」。管他外商不外商、管他CEO不CEO，我只知道，就算她只是一個本土公司的小祕書，她仍舊會這樣做自己，堅定地只做對的事，做自己喜歡而有意義的事，這就是為什麼她的文字能夠寫進你我內心的原因。相信書中每一篇文章都會撬開你的防衛心牆，讓你接受自己需要改變的事實，調整自己的人生價值。

哪天，你要是覺得生活沒有成就感，或是工作挑戰太多，甚至有離職、厭世的念頭，請記得把這本書拿起來翻一翻。相信我，你每翻一次就會不自覺地對號入座，以為自己是故事中的主角Robert／Chris／Sonia／Carol……，彷彿瑪格麗特就坐在你面前，一邊對著你說教、一邊對著你搖頭。如果有一天，你再次翻開這本書，左看右看都不覺得你是故事中的主角，就表示你終於通透了書中看似簡單卻很難學會的道理，讓自己提升了一個維度，恭喜你！

（本文作者為李奧貝納集團品牌體驗長）

外商CEO的同聲讚語

在這個數位、網紅、自媒體興起的時代，廣告公司面臨前所未有的挑戰，其角色和前景不斷被拿出來討論。

瑪格麗特是我見過膽子最大的CEO，從小廣告AE開始的自律和自我突圍的訓練，讓她無懼於大軍壓境，讓這些挑戰都變成日常小菜一碟。

只有被瑪格麗特這位鐵血主管親自帶過，才會體會書中的滋味，也才會知道「熱情」「自我激勵」和「幫客戶賺錢」這些為己、為客瘋狂的特質，能夠讓我們即使不贏在起跑線上，也總能彎道超車，然後拍拍自己，說聲：你好棒！

——王興（Verizon Media亞太區共同董事總經理）

回溯二〇〇三年，麥當勞首次與李奧貝納合作，推動「I'm lovin' it」的品牌再造，初見瑪格麗特時就讓我印象深刻——全球知名四A外商廣告公司的

CEO竟然如此本土，而她所帶領的團隊，也是由外籍創意總監與本土創意人員所組成。在合作過程中，這位外商本土CEO果然十分接地氣，不僅有敏銳的洞察力，團隊發展的創意作品也不斷獲得市場好評，更重要的是，瑪格麗特總是為客戶思考，比客戶還關心生意有沒有成長，也讓麥當勞往後十年的業績成長有目共睹。

曾任外商CEO的我，跟瑪格麗特書中所寫的一樣，每天都會面臨來自於生意、公司內部、國外總部等類似的掙扎。但瑪格麗特將這些「內傷」以不同故事舉例，在讀完文章後竟能看到這位本土CEO在面對團隊管理、職場溝通及工作上所展現的「創業家精神」。瑪格麗特不以專業經理人而滿足，反而在外商公司常見的框架限制下，不斷努力突破，展現超強的溝通力，去關懷、理解同仁；即使面對嚴峻的市場與激烈的競爭，依然能帶領李奧貝納持續成長，用成績來證明自己與團隊的價值。

這本書不僅推薦給在台灣外商、本土企業的中高階經理人，學習在職場中面對挑戰時該具備的心態；也很推薦給台灣的創業家或企業家二代接班人，透過瑪格麗特這位本土CEO在外商公司的成功經驗，了解如何培養創業家精神、打造團隊競爭力，帶領品牌與企業走出台灣，走向更廣闊的市場。

——李明元（客意直火披薩共同創始人／前麥當勞亞洲區總裁）

這是一本讓你看了會心情變得熱血但思考變得冷靜的書。

瑪格麗特身在外商公司卻能清楚洞察本土意識，再從本土案例聰明轉化為外商需求，每個案例分享都會讓你更聰明、更懂。

讀了這本書，職場菜鳥會被鼓勵，職場老鳥會被警惕。CEO與高階經理人都不能錯過這本好書！

——李御林（Škoda Taiwan 總裁）

瑪格麗特用她精煉、直白的邏輯，讓職場上許多其實是當局者迷的困境，都能迎刃而解。

這位外商CEO大方與讀者分享她多年淬鍊的智慧，正是希望台灣人才保持競爭力，讓職場菁英或是剛起步的年輕人都能有所啟發。

如果能夠領悟瑪格麗特貫徹的捨我其誰、一切反求諸己的信念，老闆、客戶、部屬都會愛死我們，人生必定也會精采萬分。

——姜惠琳（NU SKIN如新集團亞洲區總裁）

和瑪格麗特工作的時候，我最喜歡她像小女孩一樣，不斷問你：「嗯！所以呢？」這時候你就可以等她吐出一段小常識大哲學了，每次都給我一言點醒夢中人的清新感，原來是我們不知不覺把事情想複雜了，於是又有精神重新來過，繼續努力了。

我在外商工作二十年間，有機會接觸很多位國際品牌的CEO，經常聽到他們對某些優秀人才的評論是：「He/She has strong common sense.」我把這句話延伸解讀為「勿忘初心」。在瑪格麗特的書裡，可以看到她如何以幽默自嘲、寬大理解，傳遞這「勿忘初心」的獨到功夫。也期許台灣的年輕人因這本書受到啟發，勿忘初心，在台灣躍升，在全世界翩翩起舞！

——翁秉嫻（Tory Burch Japan株式會社代表取締役社長）

從我尚處職場的初生之犢起，我就受第一個老闆——瑪格麗特的啟蒙甚深。仔細回想，十數年來之所以能在競爭激烈的外商CEO生活中持續維持不懈的熱情與熱忱，以及用積極正面的心態迎接每一天的挑戰，都拜那段與瑪格麗特的不解之緣所賜。

眾所周知，外商負責人的角色難為，瑪格麗特這本書並不打算刻畫她篳路藍縷、血汗交織的奮鬥故事，而是選擇用輕鬆詼諧的語調，勾勒一段段鮮明趣味的真實對話。在對話中，讀者不難洞悉像她這般看似平庸實則不凡的外商CEO，如何以對職場的執著與勤奮、對商場的專業與幹勁、對人生的樂觀與堅持，以及對客戶、對社會源源不絕的積極關懷與無私奉獻，成功締造旁人望塵莫及的傲人佳績，寫下一段廣告圈中傳奇般的不朽佳話！

相信透過這本書，可以讓台灣的青年與企業主從此不再妄自菲薄，能夠建立自信、昂首闊步地成立更多成功的國際品牌，同時啟發更多台灣的外商專業經理人，在充滿激烈廝殺的場域中，仍始終秉持一顆初心，覓得自身的定位與價值，並進一步在國際上嶄露頭角，發揮更大的全球影響力。

——**曹世綸（SEMI國際半導體產業協會全球行銷長暨台灣區總裁）**

我是在一九八三年進嬌生時認識瑪格麗特的，她給我的第一印象是快、直接、衝勁十足、簡單明瞭、有想法。看完了這本書，就好像在和她聊天一樣，她是那麼真實、誠懇，有高度、有理想，愛台灣人，也愛自己的國土。

過去幾十年，我們一直保持聯繫。我在二〇〇〇年到中國面對多變、具挑戰的大環境，每次回台北都看到瑪格麗特很勤奮地分享管理的心得，既正面又幽默。她特別喜歡做筆記，很有上進心，別人看到黑的一面，她都看到亮的一方！每次見面，我們都是在哈哈大笑中不捨地結束。

勇者無懼的瑪格麗特！她無私地樂於分享自己所擁有的智慧與資源，做她的朋友、員工或客戶是很幸福的。她的心從沒變過，只是隨著歲月的遞嬗擁有更純熟的智慧。

這本好書易讀又有哲理，充滿了瑪格麗特四十年淬鍊的心得，不僅讓人體會CEO日常每一件大小細節，有理想的年輕人更能從中學習，如何有本事地瀟灑解決問題並達致理想。

——陳素貞（前Swatch斯沃琪集團中國區總裁）

我和瑪格麗特已經認識很多年了，從同事到客戶再到朋友。在我心中，瑪格麗特是一個俠女——一個闖蕩江湖、行俠仗義的俠女！她總是精力充沛，勇敢真誠，在這本書裡更是用她獨特的瑪格麗特風格，將職場上一路走來的成功與挫敗，毫無保留地與各位分享。

這本書在瑪格麗特的直率筆風下，道出了許多外商CEO內心真實的OS，經常令我忍不住會心一笑，更頻頻對她的職場哲理點頭稱是，相信一定會打破很多人對外商CEO的刻板印象。

有人說一張照片能勝過千言萬語，這本書集結了瑪格麗特職場中的各式風景，絕對讓讀者如臨其境！

無論你是職場上打滾多年的老手，還是未踏入這戰場的新鮮人，必能從中獲益！

——**陳敏慧**（L'Oréal Taiwan台灣萊雅總裁）

我和瑪格麗特相識超過十年了。我們從客戶關係，成為相互砥礪、彼此學習的好朋友，能夠認識她，我感到非常幸運。

她就像是電影《不可能的任務》和《神力女超人》中的主角，從一個打字小妹，克服一個又一個的艱辛難關，在商場努力地往上爬，蛻變成如今高高在上的外商女強人。她的故事與經歷，讓我在台灣生活的八年間，深深感受以及認識了什麼叫作不屈不撓、永不放棄的「台灣精神」。

瑪格麗特的故事，除了能夠提供有目標、對自己有要求、想有所成就的讀者，一個學習與努力的方向；我們這些在商場打滾許久的人，也會打從心底發出深深的共鳴。以我為例，書中多篇文章時不時令我點頭稱是，尤其是〈終極的自私〉和〈Prepare for Lonely〉，讓我了解了為什麼我會成為今天的自己。

讀了這本書，就好像與瑪格麗特交談了一百次一樣，讓我更為深入地了解這個女超人的經歷，以及她是如何一步一步、正面地迎向眼前的挑戰；也給了我一百個學習的意念，讓我反思該如何做一個更好的領導者，該如何挑戰自己，做到最好。

希望每位讀者都能和我一樣，從書中學到更多的知識以及啟蒙。

——**潘振國（Carlsberg嘉士伯台灣暨香港董事總經理）**

迅速、熟練，充滿熱情和透澈的遠見。我並不是在描述職業運動員，那就是我眼中的瑪格麗特。她是我認識的台灣人中，最熱情的女性；她的熱情能夠感染周遭的每個人，並建立朝著共同目標前進的專業團隊。真是位鼓舞人心的領導者！

——村尾隆介（StarBrand顧問公司共同創辦人）

瑪格麗特在市場上無人能敵的商業洞察力，來自於她對CEO決策背後的深知灼見。

——Michael Wood（Publicis Groupe 陽獅集團 CEO PG One）

序言

冰火同源：資方與勞方的交叉點

「妳是我見過最local的外商CEO。」客戶笑笑地對我說。

「啊！」我愣了一下，「請問總裁，您說的local是好的還是不好的？」我很緊張地問。

他笑得很開心：「就是很接地氣啦！」我知道他是幫我留面子。

一般外商CEO（執行長，公司最高負責人）多半是外國人，高大帥，又專業，在台灣一般不會超過三到五年，就會調到其他的國家，因此對當地的思考不是較為短視，就是希望能夠馬上看到結果；如何對他下一次的調動更為有利，或是對集團未來在全球的發展更有助益，是他們考慮的重點。像我這種台灣土生土長，不是專業出身，在同一家外商公司待了將近了十九年的CEO應該不多。又因為我們是做傳播業，產業的特質是了解消費者、挖掘人性需求，讓客戶品牌與之產生關連，因此我認識非常多不同國家的CEO，更因此教會了我

在看很多事情的時候，有不同的角度、高度與人性的深度。

在外商集團做台灣的CEO，所有的人都叫我老闆，看起來我好像是最高負責人，管理兩、三百人；在台灣，所有的人看我都是資方，但我心裡很清楚，我只是外商在台灣的代表，對總公司而言，我也是他們的員工之一，是百分之一百的勞方。我們這個位階某個程度來講，叫做「命懸一線」，因為一封信、一通電話，隨時都可以叫你離開，跟你說再見。看了那麼多CEO來來去去，奮鬥了這麼多年，才知道我還是徹徹底底的勞方（當然這也是受到很多折磨以後，搞了半天才知道的，但我卻也發現我可以有資方的資源與高度，還可以給同仁更大的舞台，幫台灣做更多事）。

我常常告訴同仁，也提醒我自己，你不可能找到一個工作，讓你只做你愛做的事；一個工作有百分之七十到八十，都是你愛做、想做的事，讓你不開心的事只有百分之十到二十，已經不錯了啦！而且進了人家家裡，就照人家的規矩，不要一直抱怨，只要不是致命、不違反個人價值觀，就OK啦！與此同時，你能夠找出可以改變，或者可以加值的地方，拚死命把它做出來。這裡面有多少的學習跟地雷，是我自己以前想也沒想過的，但我卻發現也看到了許多的問題，你是歡喜接受，雖然痛苦卻仍勇敢面對？還是轉身逃避？這決定了你是一個什麼樣的領導者。

當我做領導者的時候，我要思考的是我可以怎麼樣服務更多的同仁，激發他們的潛能，去建立更堅強的團隊；並且為公司架構一個願景，給同仁清楚的方向和具體的價值觀。但身為勞方的我，有時候不知如何去爭取應有的權益。當我爭取失敗，或者根本無從爭取的時候（因為遠在天邊的老闆是用全世界一以貫之的政策和內部法條來規範你，你根本無從申辯；尤其我們台灣在總體的市場並不是很大，也很難有bargaining power），我徹徹底底了解了勞方的委屈跟心酸，而這也是這幾年來，身為「資方與勞方交叉點」的我，為什麼總是在努力達到公司要求的同時，也盡量去滿足勞方需求的原因。

也就是說，在每一個同仁的身上，我希望能夠做到我想要我老闆對我做的事，除了同為勞方的同理心，我更清楚，沒有這群同仁，我也坐不起這個位置。當然我也面對著很多很多資方不足與外人道的痛苦：當業績做不到的時候、當客戶給你威脅的時候、當你業績或利潤無法符合總部要求而必須裁員的時候……，那些痛苦我統統都嚐過。也因此我這十幾年來，不管是從資方或勞方的角度，我曾經遭遇過的，我受過的焦慮、恐懼、憤怒、沮喪、折磨、快樂、開心、溫暖、學習、挑戰、超越，很多工作上扎扎實實發生過的案例，很多劇痛過後的領悟，更有客戶CEO告訴我，他們無法與他人言的點點滴滴，這些我都很期待能夠跟讀者們分享。

尤其是這十年。以前我很喜歡飛，一年飛個二、三十次，但是現在能不飛就盡量少飛，看多了不同國家，更喜歡待在台灣，因為接觸過世界後對台灣有著更深的愛與珍惜，很喜歡台灣這個海島，期待它更好。也因為常常飛，常常跟國外在做fight，或者跟很多外商的CEO在討論事情，我很清楚知道台灣有的資源並不少（看看台灣地震時，全世界有多緊張，擔心會如何影響世界的運作），台灣的資產其實很深厚。台灣自己看自己，總是覺得不夠好、不夠強，但很多時候是我們自己把自己看小的。

也因此藉著我現在是外商CEO，身兼資方與勞方的雙重身分，我把這幾十年來幫客戶建構領導品牌、和客戶打交道時所看到的許多專業經理人和團隊的互動狀況與迷思，和大家分享，很多時候也是不斷地提醒自己；如果這本書裡面有任何一篇文章讓讀者能夠少掉一個折磨、少踩到一個地雷、多爭取到一門生意、多建立一個客戶的滿意度，或多為一個人開一扇小小的窗，讓有些人覺得他的價值因此而提升，或因為這樣而激勵自己，不只是在台灣打仗，而且願意去打世界盃，讓台灣更好、更大、更強，那麼我覺得每一個字，都是我將我的經歷跟能量投注的地方，也是我出這本書最重要的目的。我的願望只有一個：讓台灣更好、讓台灣的價值更高、讓更多人一起享受美好的果實，讓全世界都能看到台灣是一個多麼美麗的存在，而且是富而好禮——這都是我覺得再快樂不過的事了！

PART I

輸在起跑點的人生

我學歷不高、長相不優、人脈不通，連英文也不行，但輸在起跑點又怎樣？贏在人生的任一點不就好了！

PART II

職場就是你的修練場 063

我常跟同仁講，公司有你跟沒有你有什麼差別？
半夜起來看看鏡中的你，你會不會尊重鏡子裡的自己？

PART III

客戶賺錢就是我的生意經 123

不要花時間想客戶對不對、合不合理；
而是專心思考如何協助客戶的業務成長，建構領導品牌！

PART IV

CEO不是人幹的 179

我工作這四十年以來，只有不給自己後路，沒有自掘死路的！
我常想這個位置真的不是人幹的，
但也因為這樣，才讓人更勇於挑戰自己不是嗎？

PART V

一起發光，天就會亮

每多一次抱怨，就多一個黑暗，
一群人發出抱怨，就形成了一片的黑暗；
那黑暗不會只吞噬別人，一定也會把你吞噬掉的。
如果我們慢慢地一起發光，整片天……肯定會跟著亮起來！

PART

I

輸在起跑點的人生

我學歷不高、長相不優、人脈不通，
連英文也不行，但輸在起跑點又怎樣？
贏在人生的任一點不就好了！

01 輸在起跑點的人生

「真沒想到妳有今天這樣的成就，實在太厲害了！」一個十幾年沒見面的老同學，見面第一句話就拍著我的肩膀，大聲喊著。我的肩膀被她拍到差點脫臼。

我邊苦笑邊看著她，一面搓著肩膀說：「有什麼厲害呢？」

她說：「妳以前看起來多不起眼啊！人那麼矮，上課都在睡覺，英文說得那麼爛，又沒什麼人脈背景。我記得那時候看妳找工作找得挺辛苦，後來聽說妳找到一個打字員的工作，做了幾年沒消沒息的，怎麼也沒想到妳一翻身，一下子就變成大中華區總裁了？」

我笑笑地說：「是啊！你們以前看我，不是玩、就是混，工作也找不到。我那時從觀光科系畢業，想去考航空公司，他們不要戴眼鏡的，身高也過不了低標；想去飯店找工作，人家笑我太矮，櫃檯還比我高，即便筆試過也沒用。連我自己都覺得未來一片茫然，根本不會有什麼好的發展可能。」

「唉唷……妳太客氣了啦！」老同學帶笑看著我，一下子把我拉回四十多年前的時空。

當年，所有同學看我也就是個再普通不過、存在感低得可以的人，也確實是如此。我平凡得不太讓人發現，功課差，家世背景也極其普通，對所有人來講就是「起跑點很差」；但也正因為起跑點太差，我和家人都沒有負擔。別人對我期待不高，對我來講，不是更好？我幹嘛要背負別人的期待呢？那我對自己有什麼期待？也沒有啊！所以當初能找到工作自己就開心得不得了。從別人的角度來看，我的起跑點很低，說穿了就是我的人生輸在起跑點。但，那又如何？

我常常講，每個人都有一條飛機跑道，有些人的跑道比較長，需要跑比較久，可能要很久很久，甚至是很老的時候才有辦法起飛；有些人的飛機跑道很短，短到像直升機一樣幾乎可以垂直起降，一下子就飛得起來。我自己跑了大半輩子，每次都快撞到山壁，沒想到竟然還可以飛得起來。雖然飛起來歪歪扭扭、跌跌撞撞，我自己也是感恩再感恩；至於能飛多久，早就不在我的考慮之內。我比較在意的是，如何讓台灣更多年輕人和中小企業在世界飛得更高、更遠、更久，這才是我現在想做的！

但年輕的我，既無知也沒想太多，只是因為對自己沒有太多的期待，所以玩得很開心。即便我很在乎輸贏，但我的輸贏不是由別人論斷，裁判是我自己。因為對我而言，「比較」是跟自己相比，從來都不是跟別人比，因為從小就知道比不過別人嘛！就像我小時候，家裡開百貨行，該輪到我要去顧店的時候，爸爸就會說：「麗燕，妳不用去顧喔，妳大姊去顧就好，妳長那麼醜會把客人嚇跑的！」那時候我聽了也不會覺得難過，反而會想：「哇，太棒了！我姊超慘的，還得去顧店，不像我可以出去趴趴走，原來長得漂亮還真的是一個負擔呢！」

很多事情，就看你怎麼看。其實每個人都有他的話語權，我的世界只有我有話語權啊！我為什麼要活在別人嘴中的世界呢？我為什麼要活在別人眼中的世界呢？我想要活在我自己的世界。我的世界每一天都有著不同的風景，可能是個豔陽天，可能颳大風、下暴雨，但也因此，每一天對我來講都是一場意外的旅程，在每一個意外裡面，我可以看到不同的景象與奧祕，就算是暴風雨也可以看到彩虹啊！說真的，人生如果到最後只剩下了輸贏，那又如何呢？就像有些人窮得只剩下錢，也不見得有比較開心，或因此而能更長壽健康啊！所以，我很少想贏跟輸，我想的是要怎麼樣過自己的人生。如果你一直想著贏跟輸，那是活在比較的世界；對我而言，我的世界沒有太多的比較，也沒什麼計較，只有一個：只要能夠天天睡好覺，那就是最美好的人生了。

02 你想坐哪個位置？

「老闆、老闆！Carol竟然跑到XX公司去了，好誇張喔！聽說薪水也沒有加多少，只有抬頭加了一級。」一個協理看起來很慌亂地跑進來跟我說。

「坐下來喘口氣先，不要急，慢慢說。」我遞給他一瓶水。

「Carol表現不錯，之前我就跟她說，再半年就可以升她了，但她就是不想等，外面公司才丟了一個offer她就去了耶！」協理解釋。

「那很好啊！」我說，「我們就應該恭喜她啊！祝福她在那邊可以找到她想要的啊。」

「可是那家公司的狀況很糟耶，聽說天天都在找新客戶，很多在那家公司多年的好手也都跑了……」我知道他惜才，不斷想探我的口風。我看著他，想起一個故事。

臉書的營運長Sandberg年輕時在白宮做幕僚，後來離開公職、想去民間企業的時候，有兩個企業給她選擇，一家是大Google好幾倍的公司，另外一家就是Google。她當時沒辦法立刻下決定，便跑去問她老闆說：「老闆，您覺得我應該選哪一家比較好？」他老闆只回她一句話：「如果火箭已經要升空了，妳坐在哪個位置，有差別嗎？」於是，她毫無懸念地選擇了Google。這個故事我想跟他講的則是另外一面：「如果鐵達尼號都已經要沉了，那請問，你的房間是普通套房，或者你住在上等艙房，有差別嗎？」

當然，我可以理解，有些人認為用跳槽的，才能夠加速提升職位跟薪水。可是你要想想，如果你去的那個地方前景不是很好，或者那間公司面臨到危急的狀況，那你是不是掌舵的人？如果你不是掌舵的人，只是一個部門主管，或是無法決定公司政策的「類高階」，那麼兩、三年以後你想要去另一家新的公司時，人家很有可能看不到你在前公司的具體貢獻，你覺得這樣再加跳一級的機會大嗎？再者，如果你在那家公司已經做了三、四年，那麼哪一天你要出去的時候，人家很有可能會覺得，既然你在那家公司待了三、四年的時間，那麼那家公司出的狀況，你一定也有責任。

當然，我們不能太現實地說公司現在的狀況不好，就一定沒有未來性。這也是為什麼選擇一個企業服務，企業領導人、企業文化以及產業現狀等都必須多方考量。我們不是唱衰別人或別家公司，多半時候同仁跳到客戶產業，或者開啟另一個新創事業，我都給予非常大的祝福。如果只是為了薪水增加，或者因為工作頭銜的改變，當然我也會給他一些個人的建議。但是大家都是大人了，不管他做了什麼決定，應該都是他自認為對當時的他最為合適或最好的選擇。

所以，一定要記住，隨時檢視自己的內心，到底你現在轉換到那個環境，只是逃避現在無法或不想解決的問題，還是因為有更好的選擇？或是你已經預見了不同的風景？或只是因為薪水、職銜的變動？這些都無所謂對錯，只要確認你的選擇真的是你目前或未來所需要的就行。

每一個人都有自己要面對的功課，若你只是為了逃避問題而離開，那麼無論你去到任何地方，那個問題一定會再出現的。而如果你只是為了短期利益而離開，這些短期利益很有可能沒辦法彌補你空有優勢卻無從發揮的損失，反而會影響你後面長期的形象建立，這跟你能夠拿到的優勢地位，以及個人才華在未來更大的變現相比，就真的叫「短多長空」，未免太可惜了！

03 在外商，內傷的每一天

「老闆，Sonia上次被傷得太深，現在她對人的防禦心好重。她沒辦法建好團隊就算了，現在人員流動率愈來愈大，怎麼辦？」人事主管很煩惱地請教我的建議。

說真的，他不提，我心裡早也有數，再這樣下去客戶抱怨也是遲早的事。

我工作了四十年，這種事不算少見，好幾次同仁離開後回來挖人、搶客戶，一開始自己也是X聲連連，但罵得再兇也於事無補啊！每每半夜都會被這件事嚇醒，以為自己團隊跑到剩沒半個人、客戶都被挖光光。仔細想想，這種事除了自己要負全責外，還真沒人可以怪罪。

不管你對人多好，每個人都有自己的想法與需求，就算曾經記得你的好，人餓壞了的時候，也不能期望他對你心懷感恩，不會有一天跟你同場競爭。任何事多考慮人性，少批判，受益的肯定是你自己。

上過戰場的人，哪個人身上沒帶著傷的？只差在是外傷還是內傷而已，只要不死，外傷、內傷就只是當下的事，將來一定會痊癒的。尤其是在外商，千萬不要太take personal，老外不會跟你談戀愛、搞個人私交，他要看管這麼多市場，數字是他下判斷時最快、最具體的標準，你要跟他談過去的貢獻與汗馬功勞，他是不會有記憶的；再說，他記得愈多，就愈不敢不合理地要求你（但從他的角度只是稍微提高要求），這不是跟他自己過不去嗎？

但外傷容易痊癒，內傷就累了，尤其有些人就是不願讓自己回到健康的狀況，就算傷口完全痊癒，仍時不時檢視傷口、自我憐惜一番；更可怕的是一種「不斷把已經痊癒也癒合的傷口撕開，讓自己再度置身於受傷時的情境」，讓自己再度經歷恐懼、傷心、憤怒並咒罵的人，他們會作繭將自己纏繞，要麼退縮至自己的小小世界，要麼就是向周遭的人討拍，或要大家為他所造成的錯誤買單。

一個將軍帶隊，一定有被你整死的兵（所以才有「一將功成萬骨枯」這句話），也免不了被兵整，總不能只記得你認為自己曾經／偶爾被背叛過，所以就覺得不應該再信任其他隊員，卻忘記自己曾經對不起人家；或因為你曾經用心投入個人時間與專業所努力培養的隊員離開，就認為過去所做都不值得，連帶對未來的同仁也沒有期待，喪失了建立團隊的熱情與責任，不再對新的隊員投入情感、時間與專業，這樣不但自己吃虧，你的隊友也倒楣地成為你過去陰影的犧牲者，更讓公司減損了在客戶端的價值，客戶也喪失了得到好作品的機會。所有跟你有關的事物、你的周圍全部成為重災區，可預見的是，過去的傷不會成為你的盾，反而成為你身上永遠的刺，別人還沒碰，你就永遠痛著，還牽累所有跟你有關的人。值得嗎？有必要嗎？

相較於本土公司而言，在外商單純許多，不外乎考驗績效，讓數字說話。也因為我坐在CEO這個位置，對人性有更多的理解，反而減少了一些不必要的情緒；就算不考慮對他人的好壞，對自己就是一大學習，我也是最大的獲利者。每天面臨不同的考驗，天天萬箭齊飛——國內的市場競爭、國外要求的獲利壓力、對業績成長的期待等，都讓自己每痛一次就跟著長大一點，每一次的傷都會讓自己很痛，但只要不死，只要還沒離開崗位，每一天都是快樂的探索日、學習日，更是活下來的成就日啊！最終，唯一會擁有的情緒就是——「感恩啦」！

04 對不起，我錯了

「執行長，您要好好保重身體喔！身體是一，財富、事業、成就、愛情等都是零啦！」復健師貼心提醒，一向活蹦亂跳、精力十足的我虛弱地點點頭。

我熱愛工作，享受上班的高壓與成長，一天工作十五個小時是常態，一年飛個二十趟更讓我興奮不已；就算因為時差或身體稍微有點不舒服，走進辦公室後一忙，這些症狀就會自動消失。假日時，睡覺超過六個小時我就覺得很罪惡（因為我相信人死了以後就可以睡很久……），我總是相信「頭過身就過」，意志撐得住，身體肯定會配合，因為我根深柢固地認為：身體是「我」的。

直到這幾年，頸椎、脊椎因為壓迫而痛到睡不著，我才知道我錯了——身體屬於我，但卻不等於我。也就是說，雖然我們彼此擁有控制權，控制各自可以控制的地方，但也各有其不能控制的部分。

身體是你這一生第一個碰到、跟你最親密的對象，但你們彼此不見得有這麼熟悉和了解，因為絕對的親密，不代表絕對的了解；絕對的了解，也不代表絕對的配合。我們從不把「身體」當成獨立的個體，因此就不會給身體應有的尊重、時間與配合。當身體發出不舒服的訊號時，我們就吞顆藥、看一下醫生，或按個摩，隨隨便便打發一下，就覺得已經回應了身體的需要。

身體可以在短期內忍受你給「他」的折磨，不等於能長時間接受你對待他的方式；身體過得不好，最親密的你不僅不想了解他，還繼續折磨他，從他的角度，實在找不到任何繼續快樂、健康地和你一起共度、共享這個人生的理由。所以當你長期不聽身體給你的訊息時，他唯一能做的就是「自殘」。（想想你重視的人離開你的情境，相信你也常常不解，我已經給他我認為最好的東西，為什麼他還不開心，甚至離開呢？）

身體的結構複雜，但心態單純，你除了要把他當成獨立的個體，最重要的是把他當成你最重視的對象。如果是家人，他就是你家人中最重要的家人；如果是客戶，他就是你客戶中最重要的客戶。你怎麼對待最重視的對象，就怎麼對待你的身體，除了給他時間、空間，更重要的是建立一個習慣模式，在那個特定的時空裡面，給予全然的注意力，全然的聆聽、溝通，與完全的尊重。

我對身體認錯。從現在起，我多了一個人生夥伴，也就是我的「身體」。

我的夢想、財富、事業、朋友，其實都是一，身體則是N次方，而我的人生就是這些夢想、朋友、事業等加總乘以我身體的狀況（身體是N次方，可能是正N，也可能是負N，端看個人感受），這也就是我最真實的幸福感指數。

05 「志氣」從來都是在的

「老闆，這次我真的不行了，您就當我沒志氣吧，我想我這輩子大概最高就到這個位置了吧，我願意接受別人在我上面……」看著垂頭喪氣的Claire，可以理解她為什麼說出這番話來，但從人性的觀點，我知道這只是她一時的喪志。才五十三歲的她，真的會讓一個她帶過兩年，現才三十九歲的人成為她老闆嗎？就算她嘴巴過得去，別人的眼光也會讓她心裡過不去。白天過得去，晚上回家，她自己更會過不去的。

很多時候，同仁都來跟我說他沒辦法或者他累了、不想再試了。是的，累了、不想試了，好像是真正的原因，但如果再挖下去，累到不想試可能是因為你覺得自己做不到，而這個「做不到」是你跟自己說的，不是老天爺不給你做到，也不是別人不給你機會做到，是你不給自己機會嘗試的啊！

「志氣」其實只是你給不給自己機會、你怎麼看待自己。很多時候是別人還沒放棄你，你就先放棄了自己。難不成別人放棄了你，你也放棄了自己？志氣對我來講不複雜，很單純，就是給自己一個機會。表現出來了，那很好，那就表示你還有更多的潛能；即使這次沒過關，也不代表一輩子過不了啊！不就是再給自己一個機會去衝嗎？這就是「志氣」。

正因為如此，我會盡量給同仁各種舞台，天花板則多半是同仁自己建出來的。建天花板的方式有很多，就是我常講的：要做只有一個理由，就是去做！不做卻可以有一百個理由。因為沒有坐在總經理的位置、沒有權利，所以同仁不聽你的話；因為我很累、我要顧小孩，所以我做不下去；因為客戶太無理取鬧、因為客戶對我有偏見、因為別的部門不配合、因為……，有各式各樣的因為，有太多的因為、太多的理由，但當你在夜半時分面對你自己，看著自己的眼睛、直視自己的內心，你會發現，其實是你不給自己機會的。

但你也可能會問：「什麼時候才能放棄呢？」那就是你覺得已經堅持到一個程度，很清楚知道自己不要什麼了（有可能還不見得很清楚自己要什麼，但一定清楚不要什麼）。就像當年我在香港工作時，那是我個人工作以來待遇最優渥的一次，這輩子第一次出國坐商務艙，出差都住五星級飯店，開始有祕書、助理，上班可以看維多利亞海港，第一次假日有遊艇可搭。但這一切又如何呢？那正是我人生最低潮的一年。在那一年裡，我終於搞懂，原來那些人人稱羨的東西都不是我追求的，因為那些都不值得我犧牲自己的人格或人生目標，我要的是我真的能夠表現出自己能力的機會，要能呈現自己活著的價值，要對周遭的人有所貢獻。也因此，那些令人羨慕的配備對我就是另外一回事了。

所以，那一年對我而言，最棒的學習，不是放棄或犧牲，而是我知道了我不要什麼（你在丟不要的東西時，會覺得可惜嗎？一點也不。對別人而言是艱難的決定，對我來講卻是快刀斬亂麻）。最重要的是自己很清楚知道自己不要什麼（當然，若知道自己要什麼更好），所以對你而言那也不是放棄，而是走另外一條路。因為走另外一條路，我沒有不辛苦，我也沒有不努力，我碰到了很多的問題，有很多的理由告訴我不要再堅持，但是你會發現，其實很多時候都是假象。

做了這麼多年的事，我可能沒辦法一下子就知道那是假象，可是我清楚知道，我可以「把真相變成假象」。這是什麼意思呢？就是對別人而言看似很不好的事，你都可以找到很不錯的、可以學習的地方，以後不要再重複，那麼別人眼中的真相就成了你人生的假象。因此，對你而言，那就是一個偽裝的祝福，也就是我常常在講的「Blessing in disguise」。

「志氣」就是給你自己一個機會，成為你尊敬的自己。「志氣」在你身上從來都不曾消失，每一個人都有，直到你放棄了自己！

PART

II

職場就是你的修練場

我常跟同仁講，
公司有你跟沒有你有什麼差別？
半夜起來看看鏡中的你，
你會不會尊重鏡子裡的自己？

01 自信像肌肉，肯練就會有

我的樣子看起來完全不像CEO，開口講話是親切的台灣國語，跟顯赫的家世學歷更沾不上邊，年輕時算是幸運才可以進到外商公司工作。大家都知道外商節奏快、老外不講人情世故，一直以來，我根本沒有多遠大的目標，更不奢望當啥外商CEO，只知道拚命一直做、做、做，做不停才有可能活下來。

當年在廣告公司負責十九個客戶的業務，整天跟蜜蜂一樣忙得沒眠沒日。有一天，老闆叫我去他辦公室，對我說某某客戶超難搞，全公司業務團隊都被那個客戶給封殺，只能靠我來做最後一擊了。「老闆……我已經十九個客戶，滿到快吐了……您沒看到嗎？」我臭臉對他。尤其這個客戶是老外，最麻煩的是「只能講英文」。我英文超級不行，銘傳專科畢業，也沒出國留學，哪敢去送死啊！老闆說：「簡單，讓妳上英文課，公司付錢。」我當然不肯：「您當我是神，讓我上課我就會講了嗎？別開玩笑了！」老闆好說歹說、連哄帶騙地拚命拜託，我一時心軟就答應了。從那時候開始，我一個星期上二到三次的英文課，有好長一段時間，即便每天熬夜，我還是從早上七點開始上兩個小時的英文課。

以這樣的程度和客戶溝通，可想而知有多艱難，當彼此面對面開會時，我還可以手舞足蹈、比手畫腳地交代過去；但是，只要客戶打電話來，我都快昏過去，因為看不到表情或肢體語言，我唯一能溝通的就是：「I beg your pardon?（你可以重複一次嗎？）」「Can you speak louder?（你可以講大聲一點嗎？）」「I don't get it, can you say it again?（我聽不明白，可以再講一次嗎？）」每次講完電話，我的掌心和衣服就全都是汗，一直回想到底剛剛聽到了什麼。

我知道我的語言能力一定不如人，所以接客戶前，就先主動幫這個客戶做通路功課，做碎石子調查，厚著臉皮問店家老闆對於產品的反饋。見客戶時，就遞上我的市場觀察與建議，把這瑞士老外嚇了一跳，讓他對我留下深刻的印象，並對我大有好感，更在他們內部會議上把業務主管罵了一頓：「看看人家廣告公司多了解這個市場！」這是我一開始以建立客戶對我的信任，來換取他對我語言不行的忍耐，也是我練習自信的開始。（但也讓我知道，即便英文不好，我說話時老外還是會很認真聽的——但我不確定他是不懂我的英文還是認同我的觀點。）

以前只要開口跟老外講話，我的臉就會漲紅、舌頭瞬間打結，連「How are you」都會講成「How old are you」；現在我的英文還是很台，不過跟老外爭論時，老外往往都會一直要我「calm down」。我心裡清楚：「聽嘸，是他難過，不是我難過！」因為我把價值做出來，是他要來了解我。當你自己知道自己的價值在哪裡，自信就會出來。

所有練習過程一定都會恐懼害怕的，別擔心，我相信任何一個人，即使是總統發表新年祝賀，面對鏡頭他一樣會緊張，一定得對著鏡子練個幾遍的。就像現在我接受任何訪問，當天我一樣凌晨四點就會起床準備講稿。

愈怕英文，就愈要找老外練習；愈怕演講，就愈要找機會對更多人演講。想要自信就是要不斷面對、不斷練習，有一天你會發現，你一定可以的。

02 聞「激」起舞

「老師，我真的好生氣，外面那些人根本不清楚我們網站在做什麼，卻隨便放話抹黑我們！」我輔導的新創圈創業家漲紅著臉、氣呼呼地抱怨道。

「嗯？所以呢？」

「我很氣啊！他們超過分的。至少先跟我們求證嘛，幹嘛一直黑我們？」

我靜靜地看著這個小有成就的新創家，再問了一句：「所以呢？」

「老師，我不懂您是什麼意思？」他看來懵了！

看著這個年輕人困惑的眼神，我輕輕地解釋：當你容易被激怒時，就容易被當木偶耍。因為這代表著人家知道放什麼訊息就能激怒你，讓你耗費能量，讓你不知所措！他們放什麼話，你就跟著跳什麼舞步，他要你跳瘋人舞、群魔亂舞還是機器舞，你也只能隨他舞，那你的喜怒哀樂不就輕易地掌握在他人手裡嗎？

好多年前我也曾面臨相同的狀況。我記得當時剛接一家新公司，莫名其妙收到一堆黑函。同事看不過去，就跟不知來路的黑粉一來一往、打起筆戰，流量之大，一度造成一個媒體的伺服器當機。當時我跟同事說不用去解釋，不要浪費大家的時間去回應，我根本不在乎那些不認識我的人，忽略他們就是對他們最好的折磨。

商業上，每天都有人虎視眈眈，覬覦你手中的客戶，如果你不明就裡地想要跳下來一一處理，盡把精力花在肉搏戰，動不動就上駟對下駟，把自己放在第一線去解釋你為何而戰，卻沒有花時間去構思戰略、研究戰術，你的格局永遠會停留在對手預設的維度中。

你的競爭者抹黑你、謾罵你，或無中生有，都是因為你對他造成影響，如果你是nobody，就算你想激怒他也很難吧！所以有人罵你，你應該開心，你不理他，他會更氣，會繼續花心思在你身上，趁此機會你反而可以專注在你最在意的客戶、消費者，以及你想經營擴大的市場上。這樣不是很快可以拉大和那些人的距離嗎？千萬不要聽到什麼訊息就生氣發飆，更不要按到什麼button就開始跳舞！

我們有我們自己的節奏、自己的舞步，我們要跳的是優雅美麗、給消費者看的舞步，千萬不要跳一個連我們自己也看不懂的舞步。不要人家隨便一個刺激，你就開始激動，然後就開始聞「激」起舞。記住，誰先生氣，誰就輸了！

所以你要學習控制自己。我不是說要壓制情緒，而是要更深地認識自己，認清楚情緒在什麼情況下會油然而生，思考每次觸發、啟動情緒的點是什麼，and why happen? 很多事情想透了，才可能專業而不帶任何情緒，否則就算你強行壓抑著，到頭來也只是讓自己內傷而已。

一個好的領導者肯定不會讓自己在資訊上超載，也不會去下載那些沒有意義的訊息，更不會去積存那些沒有意義的情緒。領導者如果不斷去積存這些訊息、聽這些八卦，就如同脖子上被人套著繩索，隨時把你當木偶耍罷了。

記住，真正有用的訊息是顧客的需求，是市場給你的直接反饋，不要隨便跳他人想要你跳的舞步。用我們自己特有的節奏優雅地律動，並且和同仁、客戶一起開心地邊跳邊前行，在台灣躍升，在全世界翩翩起舞！

03 你如何對待你的阿基里斯腱

「老闆，您覺得我這樣提案如何？」

同事展露出略帶滿足、一副想要討拍的誠摯眼神，可想而知，他期待我要大力讚賞他。說真的，這幾個禮拜他攻無不克，很多新客戶指名要他服務，只要他出場，再難搞的客戶都能服服貼貼。

我跟他說：在職場上很少看到有他這種特質的人。第一，非常努力，拚了命……應該說不要命地工作；第二，不在乎錢，錢對他來講一點也不重要，只要他想做，不管客戶有錢沒錢，他都傾全力把公司資源豁出去做到極致；最後，對人誠懇，又很會照顧人，更棒的是對同仁非常慷慨，因為「不在乎錢」嘛！

他愈聽愈開心，我也真心替他高興。但身為他最重要的夥伴，也是他直屬上司的我，還是不得不話鋒一轉：「但是你有一個很大的問題！」只見他的臉像烏雲罩頂般一沉，我繼續說著：「你太在乎別人對你的看法，你需要鎂光燈。只要在有鎂光燈的舞台上，人愈多你表現愈好，拍手的掌聲愈大聲你的士氣就愈高昂，你的能量就會集中。這沒有什麼不好，不像我，只要看到人多，就算已經演講過一百次，每次都還是會很緊張。你不會的，你人愈多愈興奮，愈人來瘋，而且講得愈好！」

「那這樣有什麼問題呢？」他歪著頭、不解地問。

「這樣說吧，那也許不是問題，但絕對會是你的罩門！」我輕輕地說，「它是你的阿基里斯腱！要有掌聲，你才願意做，只要客戶給你的掌聲沒一如往常的熱烈，或者偶爾一、兩次的不肯定，你整個人就洩了氣，就萎縮下來。你可能會想這個客戶不懂我、不了解我的好，所以變得容易放棄，動不動就想換做新的客戶。你會因為別人對你的不了解，或者沒有辦法給你持續的掌聲而氣餒；更可怕的是，從生意的角度來講，就算客戶不給錢，只要他不斷給你拍手，你依然做得比誰都還開心；以公司治理的角度評斷，你會沒辦法從公司最大利益的角度決定這個客戶可不可以接，最後可能會影響到公司的利益，甚至誤判公司發展的最佳時機，斷送了團隊的未來。」

廣告傳播這個產業最難的就是「堅持」，最難能可貴的是在沒有掌聲的時候，還能夠默默持續地忍住寂寞，去做出自己認為最好的東西。在沒有肯定、沒有資源、沒有支持的情況下，你還願意持續往前，這才是真正的領導者。

永遠不要因為別人把鎂光燈打在你身上，而儲蓄能量或振奮士氣，永遠不要；讓光芒從你自身發出，讓光芒是因為你的思考而發出、因為你的行動而發出，讓光芒最終是因為你的具體成果而展現。要知道，別人給你的掌聲都是暫時的，而且很容易被移轉——鎂光燈只要轉一個角度，光就不在你身上了；但你自體發出的光芒完全不一樣，它是恆定的，你走到哪裡，它就跟到那裡。以你身上發出的光芒照亮全場，而不是把全場的鎂光燈都打在你身上。一個領導者只有在全體都發出光芒的時候，才是最實在的成就。

每個人都有阿基里斯腱，有些人攤在檯面上，有些人若隱若現，有些人藏到沒人能發現。你要麼自己進化自己，讓阿基里斯腱消失；要麼就把你的阿基里斯腱藏好，完全沒有人知道。最可怕的是所有人都知道你的阿基里斯腱在哪裡，只有你不知道，那你這輩子就注定被人家綁死。

當然，我也有阿基里斯腱。每當我疾言厲色告誡同仁、跟同仁分享我的價值想法，我就會把念大家的一字一句寫下來，唯有如此，我才能把自己的阿基里斯腱藏得更深；因為，在商業叢林想當一個稱職的領導者，每天奮戰不懈才能往前，一定要想辦法在別人看到前先找出自己的阿基里斯腱，讓它消失或藏在最深處，永遠不要讓任何人知道！

04 關在柵欄裡的獅子

「老闆！Stephanie又在罵她底下的人了，那天還跟財務部大吼大叫。」同事很頭痛地向我求救。

「喔？為什麼？她還好嗎？」我不解地詢問。一問之下才明白，Stephanie下面的人不知道客戶要什麼，她也不出面解決，她部門的team member就被協作部門的主管罵；工作交辦不順利，team member回來又被Stephanie罵。罵來罵去的結果是，同仁一股腦兒全走向負面情緒循環，Stephanie又不敢去跟客戶再釐清，所以整個團隊和內部人員就在原地suffer，她自己則不斷飆罵自己公司裡的每一個人。

「喔，」我淡淡地回，「又是一隻關在籠子裡的獅子！」只見同事歪著頭不解地看著我。

獅子被關在籠子裡的時候，只會在裡面吼叫著。但在籠子裡吼久的獅子，野放到外面可能就只是一隻貓了，因為牠沒看過大草原，也太久沒看過自己的同類。牠不知道牠應該發揮獅子的戰鬥力，去草原奔馳，去展現森林之王該有的氣度，而不是只在那邊吼叫著而已。

我想了一想，便要人把Stephanie請進會議室。一見到我，Stephanie就急著細數財務主管的種種刁難：「老闆，麻煩您跟Kim說一聲，她要是再不用最急件處理我的優先付款申請，就請她自己去面對客戶！我們在外頭拚命，她在內部流程卡得可起勁，這根本是咬布袋的老鼠！」她愈講愈見失控。同時間，她的team memebr敲門進來請她簽一份急件公文，她卻對年輕的同仁大小聲：「你這筆費用說明寫得不清不楚，要我怎麼簽？你第一天來的嗎？回去重寫！」語畢，這位眼眶有點溼潤、面露委屈的年輕同仁，如驚弓之鳥般地快步離開。

我決定結束這場瀕臨失控的鬧劇，「Stephanie，妳的優先付款申請是我駁回的，妳本來就不可能申請得過，因為客戶根本沒有簽回任何單據，妳怎麼可能就開啟專案作業，甚至預付廠商費用呢？妳第一天當主管嗎？」我不客氣地用她的話回覆她，Stephanie才冷靜下來，不發一語。

只能在柵欄裡面吼的獅子在大草原上是活不久的。我知道有一些資深主管，因為客戶的要求日新月異，心裡可能愈來愈焦躁，他自己無法與客戶對話，公司提供的訓練又不用心學，對客戶的案子也沒辦法提供個人的觀點，於是對內部只能用吼的，期待讓別的團隊去補他的不足，或花時間抄捷徑去達成客戶的需求，但這樣做即便能解決問題也只是短暫的；如果資深人員沒有辦法面對客戶，幫助客戶釐清問題或提供策略判斷，那麼這不單單是犧牲客戶和公司兩方的權益，同時也犧牲了團隊的尊嚴，讓案子無限輪迴，彼此都在內耗做虛功。

更有些主管聽不懂老闆需求，或者無力回應老闆的詢問，回到內部就猛拍桌子、摔椅子，對下面的同仁狂吼狂叫，但這都只是呈現自己的無能與無力感罷了。

當你是被關在籠子內，只能在公司裡吼的獅子，就是典型的「內鬥內行、外鬥外行」，即便因為官階而讓人家不得不聽你的話，最終仍會被看破手腳，人才自然慢慢散去！當團隊像一盤散沙時，無論你吼得再大聲，也只是一隻帶著一群小螞蟻的大螞蟻，出去外面不只是自己被踩死，還會連累整個團隊被踩得粉碎。

所以，愈是資深就愈應該花時間了解市場變化，用更多時間建立與客戶的互信基礎，培養市場嗅覺的靈敏度，用獨特的策略觀點去引導客戶，去帶領團隊，絕不是在內部做嘴巴將軍。記住，每個公司都有官僚，但真正的人才不可能會相信官僚威權，他們要的是能打從心裡信服你，知道從你這邊可以學到什麼、得到什麼支持，去持續往目標推進。

若你是獅子，請到柵欄外面盡情馳騁，永遠不要只在公司內部作威作福，對同仁或團隊吼叫，否則到最後你的專長與特長也只會剩下「喉嚨」罷了；更且，吼久了，也不會有聲音的！

05 從不可或缺到可有可無

「她是我見過全天下最有才華、最幸運的人，所有的好都在她身上。要證照，馬上一堆證照在手；要男人，有男人；所有老闆都愛她，周遭的朋友也都喜歡她，幾乎可以說要什麼就有什麼。老闆也隨著她起舞，她想離開就讓她離開，想回來就讓她回來。可我就不懂，為什麼她在這家公司已經三進三出，去別的地方也待不久？」一位朋友不解地問。

我歪著頭問：「所以你羨慕她嗎？」

「滿羨慕的，永遠可以亂跑，隨時可以回來，妳不覺得這樣很棒嗎？」他回答。

其實很多人在公司來來去去，動不動丟辭呈，自覺老闆欣賞你、公司需要你，自己夠聰明、能力一把罩，隨時可回來，外面一堆工作等著選。尤其在廣告公司，因為業界缺人，所以只要還不錯，大家都搶著要；好一點的人，幾乎每個公司都跑了幾回。我也常被同事批評，為什麼要讓某某人回來？

但我認為這中間還是有不同的。我們公司的確有幾個人，出去後才發現公司的好，只要再回鍋，就珍惜不已，調整心態，表現超好。也有的人，不珍惜公司提供的善意與機會，到外面又受不得氣、受不得冷落、受不得不被捧在手心、受不得沒有特殊待遇，於是一再進出。

其實當你要什麼都拿得到，老闆讓你予取予求，在公司想走就走、想回來就回來時，兩個未來已在前面等著你：

第一，因為什麼都太容易獲得，所以當你拿到時就不會珍惜，做事也不會生根。根不深不廣，未來的樹也長不大、不高、不壯。

第二，當你幾進幾出，自以為老闆疼你，其實老闆已經把你從核心團隊剔除，放在有就用、沒有也OK的位置，不會再花心思栽培你，更不會給你額外的資源。你只能盡己之智，少有團隊奧援，成為「孤軍」。你本來領先別人，待回首，當年同期同伴已非吳下阿蒙，你反而發現自己落後別人兩、三年，於是你就從不可或缺的人才變成可有可無的人力，鎖在時空膠囊裡長不大了。

每個人志向不同，你當然可以多采多姿、嘗盡百種人生。但是，將來可能有一天，你得面對在同期一起做事，原先差你許多，但是在崗位上埋頭努力，不斷突破、創新，最後成就比你高出十倍、二十倍的老同事；更有甚者，他站在你頭上，或是在不同山頭往下低望著你——這時，你才會發覺老天爺最終還是公平的。

06 建立老闆印象的起手式

「老闆，Chris 急著找您，可以擠出時間見他嗎？」

「不用了，請他寫 email 給我即可。」我一點猶豫也沒有地就回了祕書。

我們李奧貝納同仁約兩百五十人，品牌傳播這個產業很辛苦，除非你熱愛這個產業，否則很難支撐太久。因為流動率很高，我常常無法把人和名字連在一起，但對表現特好、有特殊才能，或有重大失誤的同仁，卻記得非常清楚。

Chris 是我的一級主管，認真負責、性格討喜，不太會拒絕人，所以他們部門大小事，尤其是出狀況、沒人想報告的事，統統是他來報。久而久之，我對他的印象就是看到他鐵定沒好事，好幾次他還沒開口，我臉就先臭了起來，更別說他真的是來報不好的事了。我每次見完他心裡總是不舒服，覺得對他太過嚴厲，後來是能不見就不見，免得讓他太挫折。

每個人都要思考自己在老闆心中的定位、形象是什麼，這個最重要的起手式定好，後面就可以盡情發揮；但前提是你要先了解老闆的習性（像我就不喜歡長篇大論），才能好好發揮所長，被老闆看到且記得。例如有個主管做事謹慎、思慮周詳，任何危機要善後，我第一個就想到她。

你要做什麼樣的人？要創造的品牌印象是什麼？這都要小心地規畫並徹底執行，維持一致的形象。就像美國神話學家坎伯（Joseph Campbell）說的：「每個人出生時都是個英雄。」千萬要小心踏出在老闆腦袋印象裡的第一步，讓他記得你出現時不是有好消息，就是你觀察到可以幫公司增進效率的點子，或你言出必行、使命必達、任何新的技術你都了然於胸等等。千萬不要建立錯誤的形象——輕諾、言行不一、天天八卦、頻頻開闢內部戰場。

像我的英文不好，和老外溝通是吃虧的，所以我的定位很單純：「說到做到，不會給老闆surprise，不做trouble maker」，所以他不用花心思在台灣，我們也不用去做一些不太營養的報告，因此有更多時間把事情做好。換老闆，對很多國家的CEO都很辛苦，我們台灣因為過去的紀錄，形象累積成了資產，因此啟動了正向循環。

現在人才愈來愈重要，一個公司的成功與拓展機率，很大部分是倚靠人才。很多時候不是公司在選人才，人才有更多機會可以選擇公司，選擇老闆。因此，建立個人鮮明的品牌形象，不僅能讓你在公司表現突出，在客戶端也能夠形成差異化，更容易令你的市場價值大大提高。

妥善規畫你漂亮的起手式，別說老闆會記得你，要論功行賞、分配資源，甚至開發新事業時，一定第一個就想到你。

07 髒水洗不乾淨雙手

「怎麼回事，客戶怎麼會這麼生氣？」我看著業務主管。

「就是那個 Lisa，她雖然很積極努力，但就是搞不清楚狀況，常常一不小心就在小地方出錯，踩到客戶的雷！」同事抱怨道。

我常常聽很多身邊的人在抱怨別人，抱怨的內容多半是這個人不負責任、那個人做事不牢靠，或是做事不謹慎、不斷跳針之類的，我就會想：大家在批判別人的時候，腦袋裡通常想到的是什麼？他會批判一定有他的道理，是他想要把事情完成，但卻因為口中的「對方失誤」，所以無法完成嗎？還是他就愛碎嘴？或只是想要呈現他自己有多好？

你說別人不仔細，那表示你自己很仔細囉！你覺得別人不負責任，那表示你勇於一肩扛起囉！每每在聽他們抱怨時，我都覺得，用髒水是沒有辦法把雙手洗乾淨的，當你講別人不好的時候，也呈現不了你有多好。如果每次都說你旁邊的人不是這個不好、就是那個不好，那代表一件事情：你周圍的人都不好。如果是這樣，那就表示你一定也有問題！

第一，你選擇了不對的環境。你在配不上你的地方工作，你太可憐了，也太可惜了。你應該趕快轉換環境。

第二，你覺得所有的人都不好。這有可能是你戴的眼鏡有問題。當你把鏡片擦乾淨，看到的風景還是很髒，那應該就是你的眼睛、你的心有問題（除非碰到沙塵暴）。

所以，我們在批判的時候，要常常提醒自己，把眼鏡摘下來擦一擦；很有可能不是別人的問題，而是你的眼鏡或心有問題。在講別人的時候，把嘴巴洗一洗，把心也洗一洗；想一想，問題可能不是出在別人，真正的關鍵或許就在你身上！

因為，不是你選擇了錯誤的地方，就是你看人的方式有問題，或是你跟其他人協作的方式有問題。想想看，如果整間公司都像你坐在那裡批判、抱怨，事情會憑空自然完成嗎？所有的人都有問題，都不負責任，只有你最棒，這樣事情就會成功嗎？所以，真正厲害的人是嘴巴悶聲不響的人，不論別人好或不好，都會因為他而一起做得很好。這才是我心目中最棒的人，最棒的同仁，最棒的戰友。

髒水無法把手洗乾淨，批判也無法把事情做好。每次抱怨周圍同仁時，停下來再擦一下眼鏡，檢查一下內心，看看戰友的優點，知道同仁哪裡可能出問題，預先用你的長處補他的不足，有智慧的人一定可以透過這種方法讓不可能變成可能，一起伸手摘星。

08 升米恩，斗米仇

「Albert你還好嗎？」我的同事一臉倦容，萎靡不振，我擔心地問道。

「還好！老闆，只是最近家裡的事有點煩……」他提不起勁地回話，「我最近想搬回家裡住，可是我爸爸居然要跟我收房租，我覺得太誇張了，搞得我最近都不想和他說話，已經快兩個禮拜了。」

我一臉狐疑地說：「為什麼你會覺得誇張呢？」

他理直氣壯，也不能理解我的問題：「唉，我是他兒子耶！他以後的錢還不是要留給我，我這時候又沒賺很多，他拿我的錢幹嘛！」他愈講臉愈臭。

「你前陣子出去外面住，我記得也有付房租啊，為什麼你搬去父母家住，他們不能跟你收房租？」只見他也不知怎麼回話，就悶著頭，臭著一張臉。

人真的很奇怪，在外面朋友請你吃一頓飯，請你吃粉圓豆花，你開心感謝得不得了；回到家，爸爸媽媽煮了一桌，你還嫌菜涼了，或是久沒變化，吃都吃膩了。

這世界上最恐怖的一種觀念就是「理所當然」。所謂「升米恩，斗米仇」，當你餓得要死的時候，人家給你一升的米，你感激到恨不得幫他做所有的事；等到吃飽了，看到他吃得比你好，你又覺得他不夠義氣，沒有把他好吃的東西也拿來跟你分一分，完全忘記餓到快死的時候他對你的好。就好像公司給你一些福利，你都覺得理所當然，等到去到下一家公司沒有福利了，你又嫌東嫌西。

我想，為什麼古人說「救急不救窮」，大概也是這個道理了！救窮永遠救不完的，而且你還害他沒有往前的動力。今天你如果出去外面住，還不是要給錢，那為什麼你回到家裡住，就不願意給呢？而且，你心裡有數，你爸爸跟你拿錢，也是擔心你一向出手闊綽，想要每個月幫忙存點錢罷了，但我們就是過不去心裡那一關，跟自己過不去或是跟父母過不去，除了不斷摩擦彼此的親情以外，還浪費掉自己的能量、浪費掉自己的生命，更浪費掉自己有用的戰鬥力。何苦為難自己，更為難了最親的家人？

就像我一直都知道同仁普遍性習慣熬夜加班，往往跳過晚餐，吃了一大堆不太營養的宵夜，搞到最後大家體重直線上升，健康狀況卻每況愈下，所以我在二〇一八年起開始提供「營養晚餐」，除了請配餐的廚師盡量料理低鈉、低油的餐點，更準備客戶公司的產品，讓同仁可以每天換換口味，永遠保持按時吃晚餐的健康習慣。但是，這些舉措畢竟對經營來說是額外增加的成本，於是二〇一九年初我短暫停止了這個員工福利；沒想到，我居然聽到有離職同仁說公司福利跟別家沒得比，假期沒別的公司給得爽快，又沒有誘人的伙食補助，根本不是「幸福企業」。

其實，我從來都沒有想讓公司變成「幸福企業」，也不介意少數同仁的批評。外商在意的只有數字，因此，培養大家能健康、隨時學習並成長，就是我對人才最真實的疼惜。只是擔心，同事把我自掏腰包給大家的「小確幸」當作理所當然，反而不會珍惜。我希望同仁在練就滿身好武藝的同時，也能享受生活中每一刻的細節，更可以隨時透過一起吃晚飯、一同參加社團活動，多少存下公司補貼當作人生的第一桶金，並好好感謝身邊共同拚命的同伴一路相陪，因此才有了員工旅遊補助、營養晚餐、社團活動、師徒制獎勵遊戲、電信補給等政策；但這些不是公司「應該」提供的，沒有是正常，有則是多的。

我母親在我三十四歲時就過世了，現在想要孝順她永遠都沒有機會，唯一能做的是幫她每天誦經。一聽到同事請假回家照顧失智的爸媽，我週末就趕緊奔回家，除了幫我爸買他愛吃的東西，也會帶給他小禮物當作驚喜，並感激他的健康讓我能放心往前衝。直到今天，發獎金給同仁時，我對大家唯一的要求就是要他們把獎金拿去買東西，讓他／她爸媽驚喜。

一種米養百種人，讓你所收到的米，不管多少，都能生生不息地傳出善念，更且結出彼此的善果。

09 自我療癒

「老闆，我最近很沮喪，每件事都讓人挫折，也沒有成就感。我不知道還能不能撐得下去……」同仁愈講頭愈低，我心裡很不忍。

「我能幫妳什麼嗎？」摸著她因為啜泣而顫抖的背，我很想給她一個擁抱，好好安慰她。

「老闆，您覺得我還走得下去嗎？」她終於止不住眼淚，潰堤了。

其實她很清楚我不可能放棄她，她也不是單純地討拍，但一個人在最谷底、懷疑自己的時候，還願意講出來，也是有勇氣。哪個人沒有挫折？我這幾個月來，先不講什麼台灣市場的衰退、生意上的困難，還有國外突如其來的無理要求，還有更多不為人道、也不能與任何人分享的困擾，常常搞得我夜不成眠，而我……又能找誰講呢？

這幾年我的心得是，人最重要的就是「自癒力」，不管你有沒有，但你務必要培養「自己療癒自己的能力」。你一定要建構一套自癒力的系統，否則的話，別人還沒把你打死，你自己的挫折、你自己的難過跟沮喪，就先把你給整死了。如果你每每都要依賴別人給你啟發、給你安慰、幫你梳理，然後讓你恢復的話，那麼你只是在吃一顆療癒丸而已啊！然後呢？今天吃一顆，明天吃兩顆，後天你可能要吃五顆，到最後可能連十顆療癒丸都不夠療癒！到最後，一定很快就會得憂鬱症的。

現今社會本來就有很多不同的挑戰，很多事情不要說前人，相信現在也沒有一個人敢講他看得清楚未來面臨的挑戰。所以我們都是走在隧道中，努力創造很多我們過去想都沒有想過的事，這代表我們可以挖掘很多自己的潛能。這種大好時機正是讓我們可能有機會造就一個原先根本想像不到，最後連自己都很訝異的大成長年代。所以，碰到挫折是正常的啊！就像沒有人天生就會騎腳踏車，有些人踩兩下就上手，有些人摔了整整一年才學會直線前進，不管如何，總是要先摔幾下才學得會，不是嗎？

像我療癒自己的方式很單純：我把自己很煩惱的事，一個一個寫下來，釐清什麼是可以解決的、什麼是不能解決的，然後決定是要去思考，或者是暫時把它放到一邊，再去看看書、洗洗溫泉，或者跟朋友聊聊天，談點別的事情。

但我絕對不是請別人給我開處方，如果你沒有自癒力，那麼不管找誰，其實都是請鬼拿藥單。

很多人把心理治癒的能力交給外人，不斷地討拍，要求肯定、要求解決的方法，或者給予資源之類的。講真的，在這個虛擬世界不斷進逼實體世界的數位年代，我們很多時候都不知道自己為什麼可以升上來？為什麼被看到？又為什麼摔下去？成功不知道為什麼，失敗也不明白哪裡走錯了。在這樣的情況下，我們都應該要先清楚知道自己是誰。得意的時候，不要認為都是自己才有辦法做出來，失意的時候也不要認為全世界都在打壓你。

我們沒有那麼偉大，但我們也沒有那麼渺小，每一個人的存在都有他獨特的價值，肯定自己是最重要的，但肯定自己的同時也要規畫自己，來到這個世界是想做一些什麼樣的事。自癒力不是天生就有的，但也不是只有少數人才有，且不論身體方面有它的學理基礎，但在心理方面的「自癒力」，我深信，只有愈做、愈練習才會愈強。當然前提是自己要不斷給自己加油打氣，更重要的是，要清楚知道自己是誰？為什麼存在？能做什麼事？為什麼要做？這些意義都會很清楚地呈現在你心裡，讓你在跪下來時，還能有動力再站起來。

做自己的安慰劑，給自己信心，讓心和腦傳達訊息來打開你的療癒系統。

當你面對問題時，啟動自我療癒，才能真正免疫，問題自然就不會用另一種形式來糾纏你。

10 自殺還是他殺？

「老闆，我真的好累喔！」比我年輕十歲的同事，在我面前一直打哈欠，顯現他的疲憊感。我捏著大腿，警告並不斷告訴自己：「不能同情他、不能同情他、不能同情他……」

我問他：「小吳，你這兩年做的事情是不是一樣？」

「對啊，老闆，沒辦法，我找不到人，沒有人可以取代我，客戶又一定要我……」唉，這真的不知道是好消息還是壞消息。

其實，人是捨不得離開舒適圈的，因為在舒適圈裡，我們得到的掌聲最多、用力最少，而且幾乎是反射性去做我們很擅長的事。也因為去做自己本來就很擅長的事，且把它們做得非比尋常地好，客戶也給予諸多肯定，所以每次我聽到的話都是這樣：「客戶一定要我參加這個會。」或是「客戶說沒有我會死。」對……客戶沒有你會死，但有一天，你會因為這樣而死！因為你再也上不去了！

如果你現在一直在做你熟悉的事情，那表示你一直在這個維度裡，而我們在平面上看到的東西，和在一千英尺或兩千英尺高看到的東西都不一樣。

我自己也走過那個過程，過程中，我也會有強烈的失落感、不習慣、很痛苦，覺得自己花一個小時就做得好的，卻要讓同仁用兩天來做；如果做得不好，我還得背負責任。

那要如何面對呢？客戶需要我，當然，客戶如果不需要你，你早就沒價值。但哪天客戶往上走，他下面的人不需要你呢？那你怎麼辦？你的客戶總會升官或離職吧？

若你這幾年做的事情都一樣，你都沒有辦法訓練人來取代你，讓你往上或做不同的事，那換了一個可能跟你脾氣不合、不喜歡你的客戶主管，或對方覺得你年紀大了，你要怎麼辦？要改變事情，一定要在情況還不錯的時候改變，千萬不要等到賠錢、業績拉不上來、沒有信任了，才不得不改變！當你被逼著要做改變時，時間不站在你這一邊，你一定會慌慌張張、很痛苦、沒有退路、不知所措，甚至會愈改愈糟。

自己把自己幹掉，你還能升到另一個高度；等別人把你幹掉，你就只剩下幾塊面目全非的殘肉了。

自殺，不是要你拿刀子捅自己，而是要有計畫，慢慢地、一步一步把你的credit（信用）給二把手踩上來，專業無私地傳過去，讓他成為你的分身，成為你的粉絲，再取代你，因你而成長、發光，因你而讓客戶得到更多、更好的服務。而在這個同時，你也進化到另一個層次與天地，有更大的舞台與視野，成為更好的自己。

11 永遠的士官長

「事情怎麼會搞成這樣呢？這客戶妳都做這麼久了，不管是 marketing head 或現在的 director 都已經跟妳一起作業這麼久，這麼多年的互信協作，怎麼還會搞成這樣？」我很不解地質問這位資歷很深的協理，我大概把今年度可以搖頭的總數在今天一次就搖光了吧。

「老闆，對不起，我也沒有想到會這樣，我想這件事我應該要負八十%的責任吧？」她講得很堅決，一副準備綁上頭巾、從容就義的樣子。

我停止搖頭，看著她，眼睛瞪得更大了。我很懷疑自己這麼多年到底有沒有好好帶過她。「Sonia 妳沒搞錯吧？責任只有要負責跟不要負責的差別，妳有聽過百分比的差別嗎？這個責任要麼就是妳負，要麼就是妳不必負；請問妳剛剛口中另外的二十%責任是誰該負？妳的意思是萬一出狀況了，公司還得研究剩下的二十%該由另外的『哪個人』來負責嗎？」Sonia 的頭已低到了胸部。我知道她自尊心很強，相信有好一陣子她應該會走不出我咄咄逼人的態度，我也就內疚了起來。

「唉！」我重重嘆了一口氣。真的沒有辦法理解，協理這個位置都坐這麼久了，出來工作也大概有二十個年頭了，怎麼還會有如此的認知呢？如果認為責任只要負一半或是八十%，那麼，真正的問題將會出在「沒有ownership」，因為任何事情，只要超過一個人要負責，就是不會有人負責！

我心裡有數，這四十年來不管在哪個位置，我的座右銘就是四個字——「責無旁貸」。當你認為還有其他人應該要負一些責任的時候，你就不會全力以赴，因為你覺得有些事情應該不會是你要負責！所以，就等他們那邊做完先，看他們有什麼樣的問題再說，或者呢，你覺得你這一部分已經做完，不干你的事了，結果事情根本沒有結束。不管哪一個位階，我覺得每一個人如果沒有用這樣的方式去思考，那麼就不要踏進服務業這一行。

什麼是「責無旁貸」？對一個leader而言，就是沒有任何人可以分擔你的責任，責任全部在你身上，不管是誰做錯，最後都由你一肩扛起（人沒教好、中間沒監督、指令給得不清楚……），這樣你才是一個leader，否則你要怎樣以身作則呢？你若想分責，下面的人肯定會有樣學樣，如果下面的人知道老闆也很會分責，保證他會假設事情的成敗始末與我無關，客戶肯定會覺得這個公司根本就是分崩離析，反正是一人一把號，各吹各的調。今天你在公司就算是業務的頭，或創意部、數位部、財務部的負責人，除非你能以身作則，否則title都只是個「名義」罷了！

在數位思維的今天，只要你願意扛起責任，其實你就是團隊真正的頭；如果你沒有辦法挺身而出，如果你認為每件事都應該是其他人的責任，那你永遠就只是個「士官長」，總有一天，你一定會被客戶點名不適任，因為你會對不起你的職銜，帶不動團隊、建不了團隊，無法deliver results，更不要說超出客戶或公司的期待。在服務業裡，最終，你就只會是個「永遠的士官長」。

12 信任你的專業，卻不放心你的承諾

「老闆，Robert又消失了！他答應要給的東西已經晚了兩天，大家都快崩潰了，怎麼辦啦？老闆可以幫我們催他一下嗎？拜託！」看著同仁們殷殷期盼的雙眼，我重重地嘆了一口氣。我並不是生氣一個公司執行長被他們當成傳話筒，而是生氣這種狀況一演再演、一再重複。

他是我見過最認真的數位工作人，也是擅長操作輿論的社群人，隨時掌握社會脈動與趨勢潮流，每天工作絕對不會少於十個小時，分享的案例、要提案的報告永遠是半夜兩點以後才發出來。我一直都很擔心他的身體健康，常常提醒他別這樣沒眠沒日地作業，他卻自恃年輕，一副「你們都老了」「別擋路、讓我來」的天之驕子模樣；叫他減少工作量，偏偏他又一個都放不下，只要有人纏著他、求他，再忙，他也不會拒絕，這邊接，那邊也接！

為了解決所有同仁的煩惱，我還是請他到我辦公室談談。沒想到我都還沒開口，他就先唉聲嘆氣了起來：「老闆啊，我最近忙到快發瘋了，好厭世喔！」

原本還想著要怎麼開口的我，對著他大笑說：「Robert啊，我要是你，我也厭世啊！」

你一直很想做「萬人迷」，希望大家都愛你，同時又期待自己能做一個「萬應公」，什麼都可以答應。這種被需要的感覺、報告丟出來時大夥兒崇拜你的眼神，這一切都讓你自我感覺良好到昇華成「萬世巨星」，但這種「萬世巨星」的大麻能吸多久？

你出眾的專業知識，讓大家本能地信任你永遠都會交出好作品，於是對你的專業深具信心；偏偏，每個人都對你的「人」不放心，因為你總是在該出現的時候，人就消失了。你一直以為東西交了就好，東西給了客戶就會買單；但你時不時的缺席，只是讓團隊在和你作業時早就想好當你消失或是沒有按時交作業時的備案，對你的信任就只是「有你更好，沒有你頂多就普通好」，這種關係是很不健康，也沒有信任的，因為長久的不放心是不可能培養信任的。

當所有人都「信任你的專業，卻不放心你的承諾」，那表示你是沒有團隊精神的，你是一個個人英雄主義者，這會讓你無法建立團隊。在現今知識、技術變化快速的世界，沒有團隊，你創造出來的版圖會大嗎？（最多，也只到你個人手腳能到的地方吧！）除非你自己決定改變，重塑你的價值觀，否則誰都幫不了你。

今日一個人每天接收的資訊量，相當於唐朝人一輩子的量，在時間有限、注意力缺乏的資訊超載世代裡，「信任」變成人最重要的資產，而「形象」則決定了你的市場價值！想清楚你要在被他人「信任」的基礎上，建立一個什麼樣的「形象」。也要小心，沒有信任做基礎，再好的形象也是枉然；而再好的信任，若是形象錯誤也是徒然。

永遠不要讓自己成就的來源是「被別人崇拜」，因為崇拜是很虛無飄渺的，就像在海邊用沙建出來的城堡，海浪打上來就瞬間消失無蹤。不要因為他人的崇拜而隨意許下承諾，因為所謂的承諾，都是要拚命實現的。不管後來犧牲的是承諾或是身體健康，都是生命中不可承受之重。更且，品格的價值永遠高於能力，除非你真心相信，否則你很難堅持對他人的承諾，也很難為承諾做出犧牲。

當然，你要做萬人迷也沒關係，但是如果哪天不順幾個人的意，你很可能就會萬箭穿心；要做萬應公也ＯＫ，但是如果哪天你十個客戶做壞一個，或老是把A客戶做得沒B客戶好，或是過勞操壞身體，也沒時間精進，在每一次崇拜的眼神中，犧牲自己可被信任的形象，一定很快就會讓客戶和同事對你萬念俱灰，最後走到萬劫不復的境界！

13 然後呢？

最近和同仁討論最新的趨勢發展及成功案例時，一個同事就喊著：「啊！這點子我去年就想到了！」旁邊的人七嘴八舌誇他厲害、和世界同步，我淡淡看了他一眼：「然後呢？」

唉，「金條滿滿是，要拿沒半條」。不是我愛潑大家冷水，當「世界是平的」，全球化已成為趨勢，很多想法會在無形中傳遞。在現今的世界，比的不是誰想法多、點子棒，而是誰落實了想法，把點子變成了真實。

真正在做事的人（記住，當你不是CEO時），最主要的責任是「讓它發生」；而若你是CEO，則要判斷「要不要」讓它發生，要就傾盡資源、沒有退路地挺進，「放棄」絕對不在選項內。

在現實生活中，我們常會產生創意或點子，尤其是位置高的人，更認為自己威武神勇，想到什麼就請團隊去做，但有時這會導致資源分散，優先順序模糊，尤其在團隊同仁不敢拒絕的情況下更為嚴重。更且，任何一個會成功的事業或案例，都是一步一腳印、邊做邊修正，我從不奢望一步到位這種好康的事會發生在我身上。

而若決定了要去做，那就列為重點項目，不管發生什麼問題、有什麼障礙，見佛殺佛，見魔斬魔，拚死讓這個點子、想法成真！不要事後才來說：「可惜客戶不採用」（表示你說服力不強）、「事情太多」（表示你無法設定優先順序）、「時間不夠」（表示這件事不在你的Timeline裡）、「資源不夠」（資源再多也是不夠你用的）。真正想做一件事，天王老子也擋不住你，你一定會用盡所有方法、人脈、創意讓它成真。永遠不要再說：「這點子好棒，我以前也想到過……」這只是讓人知道你的罩門與無力罷了。

不要讓自己成為「說笑人」，任何事、任何點子說說笑笑，大夥開心，然後呢？這件事就隨風而去；要讓自己成為「行動人」，讓自己的所作所為在這個世界留下印記。

下次當你想到好點子時，別急著分享，再仔細深思你有多想讓它發生。改變世界的人是讓好點子、好想法、好創意發生的人，是能讓不夠的資源、不行的團隊、不可能的事情變成世人驚豔的產品、服務與平台的人。任何人都有改變世界的潛能，讓世界因你而更好。但不妨問問自己：你有多想要？

14 勇者真的無懼？

「妳真勇敢！」我的朋友對我豎起拇指說道，「竟敢對著所有的老外這樣講。」我看著他，感到一陣心虛，臉慢慢紅了起來。

你覺得一個看起來有勇氣的人，內心真的很勇敢嗎？他面對所有的事情，從過去、現在到未來，一直都這麼有勇氣嗎？當然不是，至少我不是如此。對我而言，每次要鼓起大家口中的「勇氣」，都是一次折磨；在天人交戰之際，我會選擇前進還是後退？選擇面對還是逃避？說真的，有時候不到最後，我也不知道自己會做什麼樣的選擇。

我年輕的時候喜歡開飛機。雖然每次開飛機時都有很大的恐懼，但我就是喜歡操控飛機，享受那種輕鬆翱翔在天空上的感覺，所以不論每次想到起飛的過程有多害怕，我還是會逼自己坐上駕駛座，選擇用這個方法來鍛鍊勇氣。但我真的勇敢嗎？其實我只是逼著自己，不給自己其他選項罷了！但我的身體會用很多方式，例如：出汗、口乾舌燥、發抖、肩膀僵硬等反射動作讓我知道，其實我怕得要死！

對我而言，「勇者無懼」是騙人的。我在跟老外 fight、review 大型提案前或是準備演講前，時常左右來回踱步，其實都是代表我心中害怕的訊息。我跟大家比起來可能更會失眠、焦慮、擔心，乃至心跳加速、快要無法呼吸。但是，勇氣是什麼？勇氣就是即便會害怕，你還願意去面對它！

你知道你的腳在褲管裡面抖，可是你還是繼續往前走；你知道你怕在人群面前開口，可是你還是願意站在幾百人面前分享自己的觀點；出狀況時你選擇面對客戶的責難，而不是逃避地事後檢討，這就是勇氣！別以為一個人看起來很勇敢，他就是個有勇氣的人，其實不然。像是談理想、談承擔，我可以雖千萬人吾往矣，但要我參加老外的雞尾酒晚宴，想到整場都要用英文，我就又抖到不支了。

勇氣跟自信是一樣的，你可以透過每一次面對難題的過程去強化它。過程中只有一個關鍵，就是你選擇面對還是放棄？你要面對，就算抖著腿也要去面對，但當你硬著頭皮把事情完成以後，你就知道你是有勇氣的。和自信一樣，勇氣也是需要訓練的！

當然，有些事做過後再回首，都不禁為自己捏一把冷汗；甚至如果重來一遍，我都不見得做得出來，因為我發現，勇氣很容易在一遍遍的思考中流失。

但是，每次鼓起勇氣面對難題的過程，都讓我看到不同的風景。因為勇氣生出的翅膀，讓我每次都宛如飛翔。而我深深相信，每個人都擁有那雙翅膀。

15 每一個困境，都是一場探索

「老闆，我已經試了好幾個月，但真的做不來，就是沒辦法。您可以找別人嗎？」

看著同仁眼眶含淚又無助的神情，我心裡也一陣動搖，還是別再折磨他了吧。「這樣吧！我帶隊，我們一起再試一次。若還是不行，就換別人做。如何？」他哀怨地點頭，我自己心裡也一陣酸。

我們這個客戶做了好幾年，但他們換了行銷總監，對我們有既定的偏見。我當然可以找他老闆去疏通、賣老臉，但又如何？客戶老闆念完自家人，這個行銷總監鐵定給我同事穿不完的小鞋，這種惡性循環只是徒增彼此的困擾和怨懟罷了。偏偏內部同仁也被折磨到將氣出在我們自己的業務身上，時間一久，基層業務受不了先行落跑，當然可想而知，而這位業務經理也很難獨撐大局。

這是客戶行銷窗口的問題嗎？他有他的認知，我們無法用創意和道理說服他是我們的問題；那是創意人員和策略人員的問題嗎？他們是內容產出者，自我意識本來就比較強，被客戶拒絕做了好幾天的東西，覺得客戶改來改去、沒個章法，一口悶氣無處出，找業務開刀似乎是人性的必然。

那業務人員就活該倒楣嗎？在客戶那被當代理商罵，在公司內部被當客戶罵，他的氣又能出在哪裡呢？

上述所有的「理解」都不等於「接受」。當公司每個人都沒有錯，卻沒有產出好結果時，那就是我的責任了。沒有共識的團隊，走得愈快只會分裂愈大；對客戶沒有愛的團隊，也無法建立互信，更別說做出好作品了。

我帶隊只是送出堅定的信號：公司要這個客戶，我們一起來一定可以做好。但我不能「搵豆油」，而是要有帶隊的決心與持續力，更重要的是客戶不是我家業務主管一個人的，客戶是大家的，業務人員不能被當出氣筒，任何人都可以有悶氣，我也可以是大家的出口，但出了我的辦公室，就必須是心口一致了，畢竟我們是在同一艘船上，不管誰鑿洞，船要沉是一起沉。

每一個困境，其實都是一場潛能的探索，讓你去探索你耐心的極限，探索你解決問題能力的極限，探索你領導統御甚至是決心的極限，更探索你的世界邊際；而我們面對任何困難時最容易做的就是「選擇放棄」。

在放棄的同時，你的世界也築起了疆界，將你和世界隔離開來，讓你再看不到疆界外的美麗風景。我不想讓同仁在客戶的服務和作品上存有一絲僥倖，更不接受因公司任何一個人或一群人的喜好去放棄客戶；放棄現有客戶絕對不在我們的DNA裡。

我一直提醒著我自己：當我愈往前走，世界的邊際就會愈往後退！

16 活著才是硬道理

「實在太誇張了，把B-Copy（幾乎完成剪輯與特效的影片）拿來當腳本亂改，也不給合理時間，態度還這麼惡劣！」同仁忿忿不平地抱怨著新客戶的作業狀況。

「所以呢？」我放輕語調問他，「你已經做了十多年的業務，你建議下一步是什麼？」他支吾了許久。

我開車時，最恨一種人：占著茅坑不拉屎。明明開得慢得要命，就一定要開快車道。我年輕時會開到他前面，再突然踩煞車警告他，但也常因為這樣就跟人家在高速公路上尬車；現在年紀大了，就不太敢做這種損人又不利己的事。不過，有時開雪隧，要進雪隧前一、兩公里時，我的神經就繃得緊緊的，緊盯著這兩條車道的狀況，要確定不要選錯邊，萬一選錯就得眼睜睜看著其他車從我身邊呼嘯直行。我最討厭遇到這種狀況。

記得有一次選到左線道，前面是一輛黑色小轎車，那輛車開得真穩，從頭到尾都保持在時速六十到七十公里之間。我當時一直敲自己的頭，一路碎念到出隧道，中間還一直祈禱他違規轉到另一條車道上（唉！上了車，自己就獸性全發，又想當賽車手了）。這輛車有錯嗎？沒有，他在速限內，他也沒有怱快忽慢。但我的老天啊，他前面沒車耶！

公司裡面就是會有這種人——態度溫和、做的事都沒錯，但他偏就阻礙了公司前進的速度！但他卻可以老神在在地告訴所有人：「我有做事啊！我沒有錯啊！」

你覺得客戶很不合理，對啊；資源根本不夠，對啊；作業時間更不夠，是啊！但倘若所有的「對」湊不成一個「好結果」，那就是你的「不對」，也是你的責任了。

在戰場上，子彈不夠，就用刀子；沒刀子，就用石頭、用手、用頭去撞；戰事一直沒有結果，所有的理由、苦勞，都只顯示了你有多無能。對客戶而言，有好的結果，你幫他建立的功勞和苦勞就是光芒四射的煙火，就是他感動的泉源；但若沒進度、沒結果、沒解決方案，你還在跟客戶訴說你有多辛苦，苦勞就會是那最後一根稻草，雙方肯定以嘆息做為句點。

工作上絕大部分的解決方案都是被硬逼出來的，對無法產出結果解釋再多，只會增加彼此的怨懟和不信任，還不如花時間去想解決方案。活著才是硬道理，活蹦亂跳的生命力才有機會率先抵達終點，這也才是組織、個人的勝利。做事做到讓客戶把你fire掉，甚至fire公司，死都死了，你還想跟誰談什麼大道理呢？

17 One Way Ticket

「瑪格麗特，妳說這日子還能過嗎？市場萎縮得這麼厲害，業績掉了快一半，前方一片模糊，成本少不了，收入進不來，也不知道能撐多久！」朋友嘩啦嘩啦地宣洩滿腹苦水，哀傷的眼神中只瞧見迷茫。

我跟他說，日子總是要過，何必讓自己難過呢？很多人認為要有十足把握才能下決定，有些人認為只要有希望就可以往前走，而對我來講並不複雜，不管有沒有把握、有沒有希望、有沒有退路，我認為只要活著就只能往前，時間的列車不可能因為任何人停下來。

其實，人生不就是這樣嗎？就像拿了一張單程車票，只能往前行。若你一直在回顧過去的風景，定格在最美的位置，請問世界怎麼往下一步運轉？況且一路都是你設想的風景，久了你也會生厭吧！

就像我經常分享的「停車場理論」：當你到停車場，發現有太多停車位時，通常很難做抉擇——這個位置離電梯太遠、那個位置別人開車門容易A到，往往耗費許多能量思考到底該選哪一個。即便你把車停好了，可能還是會來回走來走去，猶豫是不是應該要把車停在斜對面的位置，因為它離繳費機近了一點。但若你繞了幾圈都找不到位置，突然間看到有車子開出來，這時候不管那個位置有多遠，你都覺得如獲至寶，空間再小你也會拚命停進去，心裡肯定認為今天實在太幸運了，嘴巴還會喃喃感謝老天爺賞賜車位，停好後，你一定是開心得不得了，甚至還會跳著舞步前進！

商業市場是一個不停繁衍的有機體，它不會停止在一個時序等待一個時機，也不會沒來由地不斷流動只為了讓人窮追猛趕上，任何一個元素都有可能形成蝴蝶效應去影響市場。有時候你會因為其他人的催化找到前進的方向，有時候你會成為催化別人前進的觸媒，很多時候不用想太多，勇敢往前走就對了，就讓自己透過行動成為那個元素吧！

許多人浪費太多時間，日復一日做風險評估，一年三百六十五天花了三百天在討論行動方針，執行時間剩下不到一百天，連要做修正的時間都沒有，更別談什麼執行結果的品質好壞。當所有人都對未來感到不確定，每個人都在霧裡看花、在迷霧森林中尋找出路，這時能做的就是「不斷試錯」。只要清楚方向主軸，不需急著找到答案，也別怕在嘗試中修正，即便是在失敗中轉移陣地，匍匐前行，你也會發現，不管怎麼繞，你就是會「往前進」！

但在關鍵決策時依舊想東想西，想要確保結果完美成功，不能有絲毫失敗的可能性，相信我，百分之五百你肯定會失敗！這個失敗不見得是結局的失敗，很多時候，是失掉了黃金時間，敗掉你個人與團隊的能量，浪費原本可能有不同結局的機會。這一切都是因為你的猶豫不決而導致的！

我一直覺得自己很幸運，人生就只有這麼一張單程票，可以看到各式各樣的風景。我不想把自己停在某一個地方，此刻，我要繼續盡情地享受這趟未知的旅程。

18 讓才華變現吧！

「老闆，我最近忙到快死掉了，XX客戶可以不要做嗎？」

我根本不想思考他的問題，只是不帶情緒地回答：「好啊！你可以統統不要做，回家休息最輕鬆了！」他嚇了一大跳，原以為可以卸下某客戶的工作量，或其實只是想來討拍取暖，沒想到卻換來這個沒血沒淚的回答。

「Chris，你知道嗎？你的才華無限，但是你忽略了你的時間跟注意力是有限的。」我看著他的眼睛很平靜地說。

「才華」必須要透過「時間」跟「注意力」才能變現。沒有花「時間」，你的才華不可能轉化成有「起承轉合」的表演；沒有「注意力」，你的表演也只是沒有靈魂的走位。當然，才華可以變現，變的現也不是只有變成現金，它可能變成別人對你的信任、你夢寐以求的愛情、功成名就的來源、自我肯定的基石等。你說累得要死，可是你擺明只做自己想做的客戶，公司指派你服務的客戶，你花在上面的時間跟注意力根本就不夠。你只花五十%的時間去執行公司給你的任務，另外五十%的時間和專注力拿去建構你的個人關係，做你自己想做的事，即便你說自己累得要死，我也沒有辦法同情你呀！對公司和對我而言，你就算才高八斗，我也只看到你那五十％的成就。

有一些人可能才華沒你高，但是他對公司交辦的項目全力以赴，無論他喜歡與否，所有客戶都做到極致，時間跟注意力永遠做最佳的規畫與分配，出來的結果可能不比你差喔！所以，你還堅持「才華」是你縱橫市場的成功核心？不是的，核心其實是你的時間跟注意力！沒有時間跟注意力，根本無法把才華變現的。

就算你屁股翹起來，一天到晚去秀你的才華也ＯＫ，重點是你現在身為團隊負責人，在你浪費自己的時間跟注意力的同時，也浪費了所有與你一起拚命的兄弟的才華、時間跟注意力；就算不為自己，身為領導者的你，也應該為你的同仁、團隊著想。你辜負了老天給的才華，忽略了後天的努力，還浪費了團隊的信任，那你不是該去撞牆？居然還大言不慚地喊累？這就是為何你說快累死、只想挑自己想做的客戶服務，我會要你回家去的原因，因為你時間和注意力的錯置，對我來說就是「加大亂搞」，而且還會「搞亂大家」！

所以我常要求自己，我最重要的工作是要分辨：哪些客戶必須服務？什麼客戶無法承接？我們要尋找哪種人才？我們必須放棄哪樣高手？在這裡是沒有所謂的個人喜好的。記住，當你的判斷變成「這個客戶我喜歡嗎？」「這個客戶給的掌聲多嗎？」「這個客戶給的成就感大嗎？」你一切的功勞、苦勞、辛勞，在公司經營的標準中，都是庸人自「勞」！

所以，當我再度提醒你「貪多嚼不爛」時，請認真放在心上，好好思考哪些案子應該讓團隊主導？哪些客戶不必汲汲營營去爭取？這並非不給你大展長才的機會，而是讓你的才華在關鍵處極大化。客戶再小，若是我請你去參與、去努力的，肯定是能讓你的才華變現的！

PART

III

客戶賺錢就是我的生意經

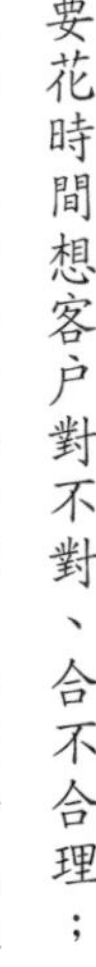

不要花時間想客戶對不對、合不合理；
而是專心思考如何協助客戶的業務成長，
建構領導品牌！

01 爭贏了也是輸

某天中午，我邀請客戶一起去飯店，一邊開會、一邊吃麵。沒過多久，客戶的牛肉麵端上來，裡面竟然有一根頭髮。我第一時間很小聲也很客氣地請經理過來說：「不好意思……經理，這種東西不應該出現在碗裡頭喔！」餐廳經理向我們道歉，並立即換了碗麵來。

隔了沒多久，這位經理又走了過來，我以為他要因為剛才碗裡的頭髮向我們表達關心和致歉，沒想到他竟然開口說：「執行長，剛才真的不好意思，不過……我跟你們講，我去查了一下廚房，我們那些廚師的頭髮都很短，沒有這麼長的頭髮啦！」

當下我也傻傻地看著他說：「長頭髮不是你們掉的，更不可能是我們兩個短髮的人掉的。如果都不是我們所有人掉的，那是誰的？難不成你們飯店餐廳有鬼？」

我話才剛說完，這位經理漲紅了臉，不曉得該如何搭腔，客戶也覺得莫名其妙。我們倆中飯吃不下，會也沒心情開，三方都不開心；更悲哀的是，客戶和我再也不會去那間飯店了！

頭髮是誰的，這有什麼好爭的？因為這本來就不是該出現在碗裡的東西，即使爭對了，你會贏嗎？

其實，職場上絕大部分也是如此，很多時候根本不需要執著「爭輸贏」！有些同仁喜歡跟客戶爭輸贏，會跟我告狀，訴說客戶種種不合理的行徑。我最常對那些淚眼汪汪、想來向我討拍的同仁分享一個道理：「世上沒有不合理的事，只是是合你的理，還是合他的理！」同樣地，一對夫妻能談道理、論輸贏嗎？談贏了也是輸嘛！你到底想要爭什麼呢？

就像這位餐廳經理，就算沒有換碗新的麵給我們，只是把麵端回去，把上面的頭髮挑掉再端回來，我們也不會知道；但是你跟顧客爭辯誰有道理，搞得我根本也不想去消費，而他好意換給我們的麵也是白換了，我相信他的老闆如果知道這件事是這樣處理，應該會哭死吧！

我們有一個外商客戶，在某一次拍片的腳本提案時堅持自己的想法，我們同仁特別提醒他，這麼拍有可能不符合品牌規範，建議他不要踩紅線。沒想到，他堅持一定要照他自己的意思拍攝，我特地打了電話提醒他，他也當耳邊風。拍完片後，他老闆非常生氣，把我和他屬下罵了半個小時。我長這麼大，從沒被人念這麼久，但我在現場捏著大腿忍了下去，沒多做解釋。事後，那位客戶雖沒跟我道歉，但從此我說什麼，他都聽得下去了。

還有一個客戶，因為我們跟他的生意愈做愈少，我就去拜訪他、敘敘舊。我和他聊天聊得正開心，後來他的經理加入我們一起聊了起來。這位經理談到對景氣循環的看法，我當下也滔滔不絕地發表了自己的觀點，我的客戶立刻笑笑地跟這位經理說：「你別想跟瑪格麗特爭辯了，你辯不過她的啦！」當下我突然了解，為什麼我愈來愈做不到他的生意，因為沒有一個人喜歡當輸家，當你每次都要證明你贏時，只會讓對方感受「跟你在一起，我永遠是loser」！我贏了所有小戰役，卻輸了整場戰爭，值得嗎？

不論是與客戶或是和同仁的交談，都是溝通，不是上戰場。記住，真正的戰場在外面，一起向外開疆闢土，擴大市場，才是最重要的。

02 賺客戶的錢，還是幫客戶賺錢？

「Sophia，客戶上了片後，市場反應怎麼樣？業績如何？」我看到她過來，趕快問她。

「上檔以後，業績馬上有感，成長還滿多的，超乎客戶預期，客戶很開心。現在就看後續了。」Sophia滿臉堆滿了笑意

「好，請妳每週跟我update一次，如果有任何突發狀況，也隨時讓我知道。待會麻煩幫我跟團隊致意，改天我請大家吃飯！」想到客戶生意好，自己走路都會笑。

做生意是要有信念的。對我來說，做生意是要長長久久，生生不息；買賣就不同，做買賣頂多就是一次，你和客戶的關係在交易結束的當下終止。客戶看到你時，會覺得你是在「幫他賺錢，還是在賺他的錢」？我每次都用這個邏輯來思考生意和買賣，而這將令客戶對代理商有著完全不同的觀點。

什麼是做買賣？買賣只有一次，有人賺有人賠，有人得有人失。做生意就不一樣了，做生意通常會去想「我要做多久、做多大」，如果你想要做大、做

久，不可能做一次就再見嘛！所以做買賣是關係的終點，做生意則是關係的起點，做生意就會想要大家一起贏，而且贏很久，這才有意思！

我們在廣告這個業界很少比稿，我們全心全意顧好現有的每個顧客，因為我知道，他長大變強，我們也才會跟著成長擴張。倘若你天天在比稿，說穿了，那就是做買賣，因為比稿時你一定是用現有最強的菁英部隊應戰，比完稿，任務結束，隊伍就跟著解散了；特別是在比稿的過程中，同仁也無法專心顧好現有的客戶。因此，我們的信念很單純：最好的人專心服務最好的，也就是現有的客戶。

我們吃自己碗裡的菜飯時，應該要覺得這碗飯很香、很療癒；但是，很多人卻老是覺得別人碗裡的菜脯比較香，或那塊排骨比較大塊、比較美味，覺得別人碗裡的東西就是可口一些。廣告行銷行業與客戶非常緊密，時間一久就很容易看到彼此的缺點，當別的客戶一喊比稿，你對新的客戶就會充滿無限美好的想像，這便很容易令某些廣告人熱衷於比稿；而且對很多廣告人來說，廣告是一個商業的藝術行為，最終要做到得紐約廣告獎、坎城大獎等。但這些都不適合我們，對李奧貝納而言，做廣告是用創意的元素做商業行為，最終得回到商業市場去檢視你的作品有無達成原先設定的商業目標，這和用藝術元素做創意作品是完全不一樣的。

當然，我不是拚死守著現有的客戶，不想去開發市場的新商機。但其實開發有兩種，一種是開發新客戶的新生意，一種是開發現有客戶的新生意，現有客戶的商機可以源源不斷地開發，這跟業務成長、新的客戶商機是不衝突的。可是絕大部分的人卻不作此想，他們和客戶在一起時只看到對方的不好，就像嫌棄糟糠之妻或是糟老頭，只想積極尋找新客戶，沒有思考如何與現有客戶「一起成就 something different」。

當然，有時候客戶也會想來點新鮮感，講難聽點，男女朋友交往個三、五年都有可能相看兩厭，更何況與客戶的日常作業這麼緊密？所以，服務客戶的重點只有一個：你對他到底有沒有具體的貢獻？有時候，同仁對自己的產出沾沾自喜，都覺得自己對客戶業績的成長有莫大貢獻，但搞不好客戶會潑冷水地回覆你：「業績成長不是廣告做得好，而是降價衝出來的！」所以，要協助客戶，就一定要讓客戶有感。

深耕客戶沒有別條捷徑：幫他賺錢，讓他愈做愈大，然後你跟著他長大。

客戶業績有成長，你是幫他賺錢；沒成長，你就是在賺他的錢。幫客戶做的作品，對客戶來說，不賺錢的就是「費用」，會賺錢的、對品牌也有加分的就是「投資」；費用通常是一次性的，而投資在短期可以得到很棒的回收，在長期也能使品牌價值有機會快速躍升。

一定要賺錢，但小心可別賺錯了！

03 成長沒有上限，進退要有底線

「Murphy啊！這個創意可能要麻煩你改一改，尤其是最後一個結語一定要改。」我告訴我們家的創意長。他一臉驚恐，不可置信，覺得我怎麼可能會講出這麼沒有人性的話，還以為我是在跟他開玩笑。

「瑪格麗特，不會吧？這個創意客戶都已經通過了。」他試圖用平靜的口氣，而且是專業的語言來告訴我。

「我知道客戶已經通過了，可是這樣的溝通會影響到客戶，尤其是最後的結語可能會引起社會大眾的誤解。所以，我建議還是要修改！如果你覺得沒有辦法告訴客戶，那麼這件事情我可以來做。」我耐心地跟他溝通。

「可是時間已經來不及了，客戶上片的時間已經確定，媒體的時間也已經安排好了。這個一定要改嗎？真的有這麼嚴重嗎？」原本是開心地想讓我先看到他驕傲的創意，沒想到我竟然要求他修正。如果可以的話，我想他寧可變成一匹狼，當場就咬死我。他心裡應該在吶喊：「天啊！她不會得了失心瘋了吧？」

「我知道，但是你可以調動三到四組創意團隊，在這兩天內用最快的時間趕快給客戶備案，然後再去提說我們有更好的方案。先不要讓客戶知道，免得讓他們擔心，但一定要先約客戶這一週碰面，並在這兩天想出最好的方案，然後去跟客戶談。」我平靜地提出後續建議。

「瑪格麗特，您要不要再想一想？我覺得這個創意真的很棒，我不但跟創意團隊磨了很久，也說服了客戶大老闆，若要改，業務團隊也會發瘋的。」他還是試圖說服我。

我說 Murphy 啊！這六年來我有沒有去改過你的創意？你的人事任免我也沒有碰過，這件事情我為什麼這麼堅持？是因為我看了創意，想了很久，這個客戶是第一次用大眾媒體，第一次上廣告影片去面對社會大眾，他可能會被你說服，但是他可能不知道後面可能會有一些後座力。沒錯！它是很有創意，所以這個後座力也可能很大。這件事情客戶可能不是那麼的清楚，但我們做了這麼多年，我們必須幫客戶想。

「既然你說時間很趕，就趕快去調動三、四組創意團隊，快速優先作業，如果還有任何需要的資源，我隨時調動給你。」稍稍不放心，我再補了幾句：

「Murphy，一定要記住，這個創意如果送出去拍了，參與的人我全部開除掉，而且我也絕對不會讓你們交片。如果還懷疑我的決心，我也可以發一個書面的公文，跟所有的團隊講。」

「喔！」他滿臉沮喪，默默地轉頭就走。

我完全可以理解他的憤怒、沮喪與絕望。但是我不能不顧及客戶的生意，尤其不能拿客戶的商譽去冒險。

沒錯，我們生意要成長；沒錯，客戶已經給我們錢了；沒錯，客戶也同意了這個腳本……但這些都不構成我們一定要讓客戶去冒這個風險的理由。我們的風險是掉一個客戶，可是客戶會冒比我們大百倍的風險，就算客戶同意這百分之百由他們承擔的後座力，我也做不來！我只能說：天佑李奧貝納！感謝神，讓我事先看到了這個創意，有機會踩煞車。

我常常跟同仁講：我們要賺錢，但前提是，客戶一定也要賺錢；公司賺錢很重要，但客戶生意成長、品牌建構更重要。不管是客戶的窗口，或者客戶本身、客戶的品牌都一定要成長，這樣我們拿人家的錢才不會愧對人家，我們也才不會在前面賺人家錢、後面被人家罵。

我也跟同仁講，如果真的不行、我們真的這麼沒有用、想不出更好的創意，那麼就退錢給客戶好了！甚至賠償我都可以接受。例如之前有客戶已經先支付我們費用，讓我們經營臉書，但雙方看法不一致，因此儘管我們已經提供了一個多月的服務，我還是將所有已收的款項全數退回。（但是三個月後，謝謝老天爺，對方還是回來跟我們合作。）

賺錢是永無止境的，但有些錢我們不能賺，那是基於價值觀和信念的考量。成長沒有上限，但是進退一定要有底線。而且我對我們的同仁、團隊都有信心，我不相信我們的人沒有辦法想出更好的解決方案。

在這段期間，創意長仍不放棄，找了很多人來跟我談。但我還是跟他們說，有些東西我可以過就過了，大家也都知道我不是去管那些內容的；只是既然我管了，就一定會管到底。於是大家知道沒辦法了，只好不再試圖說服我，趕快去努力想創意。最後，他們終於想出了解決的方案，客戶也很高興能看到不一樣的新東西，但最重要的是，先前的創意可能導致的風險，如今已煙消雲散。上了片後，客戶的業績直線上升，在商家、消費者端都得到了非常好的結果，也令客戶的業務團隊不停地讚賞。

對我而言，做生意從來就不是把東西賣掉、錢拿到就沒事了。把動人的創意交給客戶，只是一個手段，最重要的是有沒有幫客戶提供行銷或傳播的解決方案，讓客戶的營收成長，讓客戶的品牌茁壯，讓客戶的生意源源不絕，這才是我所關心的。

我常常跟同仁說，沒有客戶就沒有我們。李奧貝納存在的目的（我講了千百遍，大家也都聽到耳朵長繭了），就是「用動人的創意，協助客戶達成他們的營運目標，成為領導品牌」，這永遠是我們在做任何事情時，絲毫不可以忘記的，而這也構成了我們清楚的價值觀以及信念。信念和價值觀讓我很清楚地知道什麼可以做、什麼不能做，也因此決策就不複雜，公司也才能夠更快速地前進，了無懸念。

04 機會用你還是你用機會？

「老闆，B客戶說他們想找其他幾家代理商再多聊聊看……」一個資深的業務副總嘟嘟囔囔地跟我告解道。

我被他話中的關鍵字「其他幾家代理商」無預警地打斷思緒。我抬起頭來直盯著他。

「唉，就是最近生意平平的沒有起色，客戶在想是不是換一家代理商，讓生意有不一樣的……」他自己愈講頭愈低。

我放下手中的筆，凝視他超過三秒。「你自己覺得呢？」

「我覺得我們還是要把握機會，如果客戶堅持要比稿的話，還是要參加吧！」他愈說愈小聲，他僅存的尊嚴與自信，伴隨著空調的音頻漸漸 fade out，聲音也有點顫抖。

「過去做牛做馬地拚了兩年半，你都沒辦法抓住機會，憑什麼你會認為這次的機會你抓得住？」我頭痛欲裂。

「不管怎樣，我還是希望老闆可以給團隊一個機會，讓我們去比比看！」

「機會？」我重重地嘆了口氣問他：「你覺得這是機會嗎？如果有機會，那麼大概是『反省』的機會吧！兩年半都沒抓住機會，這次的比稿又能夠拿到什麼機會？對我來講，當客戶說要比稿的那一刻，我們就輸了。」

平常每一天的工作都是客戶給我們的機會，如果每一個機會你都這樣讓它從指縫中溜走，如果只是因為客戶跟我們簽了約，你就認為我們不好好做也無所謂，那就不是客戶沒給你機會，而是你沒有給自己機會，更可怕的是你沒有給團隊機會，也沒有給公司機會。

對我而言，每一天都是老天給我體驗人生的機會，每一個問題都是讓我探索潛能的機會，每一筆生意都是客戶給我貢獻價值的機會。但這個產業很奇怪，現有客戶的工作是日常作業，比稿的客戶反而是生意機會，所以比稿時精銳盡出，平常作業就行禮如儀，那就不能怪客戶要比稿了。

更何況，世界上沒有一個機會是不帶風險的，就好像世界上不可能有一種藥是沒有副作用的一樣，沒有一個狀況是完全不帶有機會的，差別只在於我們是用什麼樣的眼光和心態去看待它。如果我們可以「珍惜日常」，一定可以在平時找到很多的機會；如果我們能夠帶著「危機意識」的心態，去看待每一件事情，也能夠看到在每個危機的背後，可能藏有如鑽石般微小的機會，發出一點點的亮光在跟你招手。

每一天，每一個人的眼前和身邊都有很多機會，你會把它看成是天上掉下來的餡餅，還是天上掉下來的刀劍？很多時候我們都是用拿到時的狀態下結論，但其實這都是你自己決定的，只是我們常常用它落下來的形式來看它。看到餡餅固然興奮，但有時候太大口吞下，也是會噎死的啊！看到刀劍固然沮喪，但有時候角度抓得好，揮舞兩下，你可能會發現原來它的刀柄鑲的是金鑽，舞起來更虎虎生風、威震四方。機會來臨的重點不在於你怎麼辨識它，重點在於你怎麼樣使用它！

不管是餡餅或是刀劍，面對這樣的機會，最重要的就是我們的心態。對我而言，這裡面就只有二件事：是不是「珍惜日常」？有沒有「危機意識」？否則就算有再多的機會，到了你手上也是隨風而去，成了食之無味的雞肋或是毫不起眼的日常事務。

記住：「珍惜日常」「有危機意識」，會讓你手上的牌，有著比別人更多的「機會」。

05 你是專業經理人，還是高階經理人？

「老闆，昨天客戶才跟我說他們業績做得很差，要我們考慮下半年的工作降價或減少項目，沒想到今天就已經發了email來，看來他們的情況可能真的不是很好。年都過一半了，別說客戶，我們這預算怎麼補啊？怎麼辦？」同仁Bob還來不及坐下來，就劈里啪啦講了一堆。

「你先坐下來吧。到底發生了什麼事？」我拿了瓶水給他。

「客戶之前有一個案子交給另外一間代理商做，但是那個產品上市做得很差，導致他們整年的業績距離目標還差了一大截。所以他們公司總經理就下令，所有的費用能縮就縮，既然保不了上面的收入，就一定要保住下面的獲利。」我終於聽懂了。

「那你的建議呢？怎麼幫客戶？」

「我也沒辦法啊！莫名其妙遭到池魚之殃，我們自己的窟窿還不知道有多大呢！」他的臉已經扭成一團。

「所以你是來找我做動腦會議，替你想方法？還是找我開決策會議，我們一起訂定方向？」我定定地盯著他驚恐的眼神。帶著問題來動腦，還是帶著想法來訂定決策，決定了你是哪一個層級的人——是專業經理人？還是只是掛著高階名號的經理人？

有些高階經理人就是能夠講出一大堆道理，每件事情都有他的觀點跟道理，講得頭頭是道，但人家不見得聽得懂；更可怕的是，講了半天，有一堆觀點卻了無重點。專業經理人則是再複雜的事，都能夠用對方聽得懂的語言，不僅講得清楚，還能給老闆更多的想像以及更多的選擇；不是只會問老闆要什麼，而是已經預想了老闆可能會有的問題以及觀察，提出來自不同角度的綜合建議，這才是所謂的「專業」。

現在台灣市道不是很好，客戶業績可能無法如預期所料，那麼我們是應該事先就做好預估呢？還是事後再來補救？在這裡面，「時間」這個元素非常重要，而你的觀點、焦點與心態也扮演了重要的角色。專業經理人最重要的心態一定是要「先天下之憂而憂」，在客戶業績好的時候，要先思考：有什麼會危及到客戶的生意？有些項目分給別家代理商做時，更要提早思考：不管別人幫客戶的生意做得好或不好，我們都一定會被影響。千萬不要見獵心喜，一定要記住：客戶的生意才是我們最重要的事。

高階經理人一定要能夠預見問題，或在碰到問題的時候能夠冷靜面對，然後還能夠想出有創意的解決方案。有些白目的高階經理人會在老闆提出問題以後，說「這個沒有用」「我已經想過了」之類的廢話，那你為什麼不事先講出來呢？

而專業經理人就是要更進一步當人家的墊腳石。在溝通之前，把你的想法先提出來，用最直白的方法讓老闆先了解全局，然後提出你的各種建議，讓老闆做最後的定奪。這樣的專業經理人成為最高領導者，應該是指日可待的。

06 非不能也，不為也

「我早上起來先餵貓。美國的姑姑來，我要招呼她。之後我匆忙洗個澡就趕快出門了，沒想到……」他怯怯地看著我，頭愈來愈低，聲音愈來愈小，我冷冷地看著他。

有時候我都在想這些人腦袋不知道在想什麼？這麼聰明，能力這麼強的人，每次看到他在台上做簡報，我都不禁為他喝采，可是怎麼只要碰到開會，就一定會遲到？

這種事從來沒有例外，一定會發生，他編出來的理由，都可以出書了！每個理由都是堂堂正正的，但就是聽不入耳。

時間是你選、日子是你訂、地點也是你挑的，結果你還是遲到二十分鐘？我也可以跟你說我前一晚做物理治療太累、睡不好、安眠藥吃多了、睡過頭、還要誦經……，理由也可以很多啊！但我還是提前到，而且還是早上七點五十就到了。

經常性遲到的人面相都差不多；滿臉的假真誠帶著微笑，開口就是不真心的抱歉，和一堆言不及義的理由與藉口。

很多人都覺得遲到就只是一件小事嘛！說聲抱歉就好了，可是對我來講卻是天大的事。為什麼？因為守時是守諾的基石與起點，一個不守時的人是很難緊守承諾的，更何況他浪費了別人的生命！

遲不遲到的技術性含量也不高，但你說就是沒辦法改掉這個習慣？騙誰啊！你搭飛機為什麼就不會遲到？別再騙自己了，其實你是在送訊號給所有人：第一，你無法自律，管不了自己；第二，你認為與會的人不重要。

你要麼是管不了自己，要麼是不懂怎麼尊重對方。你根深柢固覺得自己是最重要的，把別人看得都比你小。但如果對方是你絕對不能失去的客戶，你會遲到嗎？就像很多代理商很奇怪，去客戶那邊比稿就絕對不會遲到，可是拿到客戶以後，開會卻常常遲到。

一個領導者最基本的門檻，就是自律，以身作則，說到就要做到。輕諾必寡信，不要讓人家認為你遲到是必然的，這樣如何建立信任？

準時並不複雜，最重要的是信念和價值觀。準時是基本的自律，準時是對別人的尊重。無法自律、無法尊重他人的人，會在每一次的遲到中讓別人對你的信任逐漸流失。在這種低門檻、低技術含量的地方失分，實在太不划算了！

所以準時這件事，絕對不是「做不做得到」，單純只是「想不想做到」而已。非不能也，不為也，別再給自己任何藉口了！

07 十字路口不要站太久，一定會被撞的

「瑪格麗特，妳覺得我應該怎麼做？跟他說實話，我就完全沒利潤；不跟他說實話，我有賺，他也不會知道。」朋友一臉苦惱地問我。我沒回答，只是苦笑著。

他不放棄地問：「那要是妳呢？妳會怎麼做？七十二萬耶！那可是我半年的收入……」看得出來，他的心正痛得哀嚎！

這真的是兩難。記得以前看過一則故事——蓋吉斯的隱形戒指（The ring of Gyges）。有個戒指，戴上它，做任何不道德、不正義的行為，都不會有人知道，你會做嗎？現在做生意很辛苦，有形的東西還可以有個比較，無形的產品或服務，例如仲介、設計、創意發想等，買方都很難評估其價值。但買方付出去的錢在他／她心中是具象的，所以只要買方知道你賺多少錢，都會想要殺價，你賺愈少，他就愈覺得賺到了，整個社會就這樣不斷惡性循環。然而，過去長時間被大家讚揚的「物美價廉」價值觀，到了今天，真的還適用嗎？

每個人都有他／她個人的信念與價值觀，無所謂好壞對錯，我自己也是。

以前面對關鍵決策常懵懵懂懂、內心糾結，但我現在愈來愈清楚，一個沒有信念、沒有清楚價值觀的人，碰到要做決定和取捨時，就沒有依據的標準。很多時候好像這樣可以、那樣也可以，一直處於猶豫之中；就算下了決定，也不確定，甚至決定了又開始懊悔。浪費時間，更耗費能量。

信念是你的對照組，也是你價值觀的依據。當你具有信念的時候，要做的選擇就有了對照，和信念一樣就衝，不一樣就停，不複雜，很容易做出判斷。如果你沒辦法做決定，通常只有兩個原因，一個是你沒有清楚的信念，一個是你並不真心相信現有的信念，所以你會猶豫、會懷疑，更別提為自己的決定做辯護了。

信念不是用嘴巴說說的，不曾為信念犧牲過是不知道自己有多相信的。之前，業務主管來跟我說有一個客戶想找我們，一年大概八百萬左右，問我要找哪個創意團隊。我問他是哪個業務經理要承接，他說是Daniel。我說Daniel來了一年，現有客戶都沒做出成功案例，再接新的客戶，很可能更犧牲了現有客戶的服務品質。我又問，公司現在創意團隊的工作量如何？他說很滿，我說那更不能接了，再接新生意，不要說犧牲掉現有客戶的創意品質，更可能把現有創意團隊的身體給犧牲掉，這才是最大的得不償失！不到五分鐘的談話，推掉了生意，我心裡很痛很痛。但沒辦法，現有客戶與現有同仁才是最重要的。

當你清楚自己的信念，你會願意為了信念犧牲；而當你為信念犧牲過，你就知道自己真的相信，因此下一次的選擇會更為容易，也更加堅定。這個世界並不完美，有得一定有失，更不可能什麼都拿；要拿任何東西前，先問自己要付出什麼代價。你可以犧牲良心、正直、身體和家人相處的時間，也可以犧牲獲利、成長、士氣，不用問任何人，心裡自有一把尺，重點是你相信什麼是你或你帶領團隊的優先價值，你就會放在心上。

所以，我常常跟人家說「十字路口不要站太久，站久了一定會被撞的」。沒有信念，碰到十字路口，鐵定馬上掛點。

08 真心換絕情

「老闆，我錯了，我不應該對客戶投入那麼多的情感。用了那麼多真感情，到頭來卻是真心換絕情。」Sophia很懊惱地低泣。

「所以妳認為妳錯了？是因為他沒有用妳對待他的方式來對待妳？就算妳做錯，他也應該不斷包容妳？」我輕聲地問，實在不願意在她傷口上灑鹽。

人很奇怪，你對人家好，就覺得別人應該要拿出相同的熱情回報，這邏輯看起來好像是天經地義的，其實，這只表示了你對人的這個「好」是另有動機罷了！假如今天他不是你的客戶，你還會對他一樣好嗎？對人好，這件事不是應該的嗎？對客戶好，不是更應該嗎？畢竟他給我們生意，我們當然應該戮力回報啊！這是公歸公、私歸私、一碼歸一碼的邏輯吧！

因此，你不應該期待你對他好，他就必須要包容你的錯誤，這並不是個對價關係；你應該要感到很開心，就是因為你對他這麼好，他才願意給我們機會去繼續服務他，不是嗎？更且，說到底，我們是在商場，又不是在情場，怎麼能有那樣的期待？「真心」沒有錯，問題是你設錯「期待值」了。

在工作上，「真心」是什麼？對我而言，真心是你真的很用心，是你為了讓客戶成功，用了所有努力，一定要讓作品呈現出客戶要的結果，讓客戶的產品獲得消費者的青睞，讓客戶的品牌價值可以因為你的努力而不斷提升。當這一切完成，這件事情就結束了，對方要怎麼對待你，那是他的決定，不可以是你的期待；更何況，當你有所期待的時候，這種「好」就可能會成為利益交換的籌碼，當利益對價的意圖出現，內容就不純粹，就不真心了！

不要倚靠他人對你的善意，更不應該期待他人的回報，那些「好」如果真的發生，都只是「多」的。在商場上，我們應該要釋出更多的善意，不要因為對客戶好就覺得應該得到回報。若有一天，你跟客戶處得不好，覺得自己是「真心換絕情」，那你應該在夜半無人時，問問自己：那個「真心」是真的嗎？是單純的嗎？是無所期待的嗎？如果其中有一個的答案是「否」，那就不是真心的。請轉過頭來，放自己一馬，不要再給自己藉口，不要再把能量花在抱怨上，單純地好好做事。這不是回報客戶，而是回報自己，因為當你用了真心，必然會在過程中有許多的開心，有更多的學習和突破，產出好結果的機率更高。日後，回首過往，你會發現自己比想像中表現得更好，甚至會對自己所發揮的潛能感到驚訝與驕傲呢！

人的一生中，一定有很多覺得自己是「真心換絕情」的時刻。真的有那個感傷的時候，坐下來，點根蠟燭，讓自己靜靜地獨處三分鐘，釐清自己當時的「真心」初衷為何。然後你可以輕聲對自己說：不錯，真心讓你品嘗了更多的人生滋味，「真心嘗百味」。過程、學習、結果、重新再面對，「真心」鐵定值得！

09

已經結束的，就讓它結束吧！

一個朋友跑來跟我哭訴：他為公司立下多少汗馬功勞、搶了多少業績進來，沒想到上個月老闆居然請他走路。他大罵了將近四十分鐘，我安靜地聽他發洩。

「你搶到業績時，老闆有沒有獎勵你？」

「有啊！不然誰要幫他拚命？」

「三年前你立下許多功勞時，我記得他也升了你的官？」

「是啊！他看到我的能力還有忠誠啊！」

「那就沒錯啊！你搶到業績，他給了獎勵；立下大功，他給你升官。從老闆的角度，給你獎勵、升官那一刻，對他而言，那些事情就已經結束了。但這幾年你的業績滑落，公司已經給了你兩年時間努力；而根據你所描繪的，你也沒有什麼創新突破的改變。若你是老闆，你會繼續用這個人嗎？」

「可是大環境這麼差，我也拚死拚活地維持業績，就算一時半刻看不到希望，至少，老闆應該再給我機會的啊……」他的聲音愈說愈小。

「那你覺得他應該再給你多少時間？」

「你們這些做老闆的都太無情、太現實了！」他恨恨地說道。

唉！很多時候，大多數人都認為自己有功勞、有業績，認為老闆應該肯定他、獎勵他、升他官，這都完全正確。但老闆做完這些事，你的那件功勞就結束了，如果你還一直停留在那裡，眷戀自己的成績與成就，是很難成長的。

如果老闆已經確認你無法再成長或拓展業務，只是因為你過去的貢獻就讓你繼續待在位置上，他就是對公司、對他個人的職務無情；如果他因為對你個人有情，即便你對公司再無法產生價值，還讓你繼續待在位置上，那他在他的職務上就是無能。

很多公司之所以消失，就是因為員工自滿於現狀，沉醉在過去的豐功偉績，而老闆要麼濫情，要麼怕被指責是現實、殘忍，因此無法做艱難的決定，又無法另闢方向、開拓新戰場，最後只能一起沉淪。

不管你過去立下多少汗馬功勞，不管你有多少委屈、難過、沮喪，已經結束的，就讓它結束吧！

一直停在過去的人是走不到未來的；你可以知道有過去，但是不可以停在過去。

過去是喜、是樂，懷著感恩，迎向未來；過去是苦、是痛，記住所有學習，迎向未來。無論如何，不要輕易讓自己停下來，別讓自己的人生按下暫停鍵，周圍的人不會等你的。已經結束的，就讓它結束吧！

10 有感的三十%

有個協理很緊張地到我房間說：「怎麼辦？客戶跟我說他要年輕一點的創意！」

可以想像，現在的年輕客戶已經開始接班，當面對年齡是他一倍半或兩倍以上的創意人員時，還要不斷提醒：在發想創意時要連數位一起想，在數位上怎麼延伸……你覺得客戶會有耐心嗎？

我們公司之前上了一整年的數位課程，我怕同仁沒空上課，還錄影起來，讓他們可以隨時觀看。不可避免地，還是有很多人說「我很忙」「工作量多」「負擔重」等，不想學習。我可以理解，這些不想改變的同仁沒有迫切的危機與立即改變的壓力，只是我也清楚，他們被市場淘汰只是時間早晚的問題。

很多人做了好幾年都一成不變，做事的方法一樣、過程一樣，結果也沒有什麼差別。但我常常跟大家說，現在世界改變這麼大、變化這麼多，如果你三年內做的事都一樣，結果也差不多，那就表示你很容易被取代——不是被別人取代，就是會被機器人取代。

我每次演講時，都會問所有人：「去年你用兩萬元買了一支新手機，裝了很多程式、很多資料，比剛買時有料，也很可以用。但過了一年，你願意花多少錢買這支手機？」到目前為止，沒有一個人願意花五千元以上買同一支手機，為什麼？因為他們要的是更新的手機、更快的功能、更優的機型。如果你每年提供的產品和服務都一樣，那麼顧客不是要你降低價格，就是讓別人以不同的價格、速度或其他因素等取代你。

我們要確保每年做的事情，至少有三十％和去年不同。為什麼不是五％或十％？因為這麼少的變化人家是不會有感覺的，你自己也不會有太大的改變。但如果逼自己一定要有三十％的不同，你走的路、看的書、交的朋友都可能會有所不同。你要用不同的形式去思考自己的維度、速度、高度和廣度，讓人家感受到你這三十％不一樣的價值。有些同仁說「沒關係，我不要那麼累，薪水不加也可以」，但市場上競爭的不是「多」與「少」，而是「有」與「沒有」，是「零」與「一百」！很殘忍，但大家在拚命往前跑時，你站在原地，鐵定不是被擠下跑道，就是被踩得遍體鱗傷。

別說自己不行。我們的皮膚每二十到二十八天就全部換新，全身的紅血球每四個月也會全部換新一次。每個人都有自我更新的能力，不是你能不能，重點是你要不要！

現在就開始規畫明年你要如何成長，讓你個人品牌的價值提升三十%以上吧！

11 「喜歡你」只是一個幻象

「我要讓他們在跟我們分手之後，覺得有很大的遺憾！」同事頭抬得高高、聲音高亢，他愈講愈激昂，我聽了都快昏過去了。

這個業務大主管風趣又會說笑，生性慷慨，對團隊一向大方，常自己掏錢請同仁吃飯、送同仁禮物，所以大夥都愛他。理論上，這應該是他在職場上的優勢，但偏偏他對客戶也一樣，開個例會常常帶飲料、小燒餅給客戶吃，每個客戶天天都想見到他。

不出所料，他來公司的第二年問題就來了，他的每個客戶，不管大大小小的會議都要他參加；討論收費時，只要客戶眉頭一皺、說幾句好話，到最後他都會讓步，連他的部屬都看不下去，他卻還是很享受客戶對他的讚美和依賴。他永遠不知道，這種英雄主義對公司造成多大的傷害，團隊該有的獲利無法達標不說，同仁也因為他「愛當大哥」的個性得不到加薪或升遷的機會，老是拜託我幫他補漏洞、想辦法。

這兩年來，我一直思考到底是哪裡出了問題。某天我特地陪他一起跟客戶開會，他一時興起，又管不住自己的豪邁，脫口而出：「我們可以提供更多折扣！」我當時忍住，回公司後馬上把他叫進會議室痛罵一頓，他招架不住，於是說出本文開始的那句話：「我要讓他們在跟我們分手之後，覺得有很大的遺憾！」這時，我終於了解了問題的根源。

「你認為，客戶和我們分手、用了別家，才知道我們有多好，於是感到多遺憾、多後悔，這樣你就贏了嗎？」我眼神已死地看著他。

「是啊！我保證他們絕對找不到一家這麼好、又這麼便宜的團隊！」他說這句話時眼睛還帶著光芒。要不是當時我右手斷了，還打著石膏，不然真想一拳把他打到醒。

你無法讓客戶願意為團隊的價值付出合理的價格，讓客戶覺得低價服務都是理所當然，結果公司因為你獲利不如預期，同仁因為你無法加薪，這全都只是為了和客戶分手後讓他遺憾？請問，你在跟誰過不去呢？只想著「讓客戶與我們分開時感到遺憾」，為什麼不想「讓客戶跟我們在一起時珍惜彼此，大家一起贏」？

「客戶喜歡你」的幻象，是建構在你犧牲公司利益、降低團隊價值之上而營造出來的，這個幻象沒有基礎，更不持久。更悲哀的是，客戶骨子裡根本不會尊敬你，你只會變成被客戶軟土深掘、用來殺價的好對象；當你失去團隊支持、沒有公司資源時，客戶也會棄你而去。

很多主管認為，只要客戶喜歡他，關係就可以持續。但是健康的關係是對等的，一味退讓換不到對等與尊敬，只會讓客戶覺得理所當然；而且每一次的退讓，公司與團隊在客戶心中的價值也同時在遞減，就算換到了客戶喜歡你的幻象，分開也只是遲早的事。

當你代表個人時，你可以慷你個人之慨；但當你代表公司時，你就不能慷公司之慨來成就個人，因為後座力太強，不僅傷了公司、傷了團隊，更會因此和客戶無法共構健康的合作關係。讓客戶願意為認知的價值付出合理的價格，才是你的價值之所在。

12 道可道，非常道

「我一定要確保他們會走我的路線！」在一個重要客戶的作業檢討會議上，業務副總突然冒出這句斬釘截鐵的話，這種沒來由的堅定口氣著實嚇了我一跳。

「抱歉，我沒聽清楚。你的意思是？」我想再次確認是否有會錯意。

「很簡單，就是要下面的人扎扎實實地按照我的方式去執行，確保作業不會出任何問題！」接著他揚起頭，意氣風發地長篇大論起來。當下我終於理解為什麼他永遠忙到死、操到爆，但工作表現就是停滯不前，這幾年工作版圖一直鎖在這個小圈圈，難以擴大的原因。

我記得剛進這間公司時，我要求所有業務人員，每天一到公司就必須先打電話給客戶，主動報告工作進度，兩天內給客戶會議追蹤紀錄，每一個人都應該是我的分身，確保我的意志與專業能夠延伸。我天天拉著同仁的手，期待他們寫出和我一樣的字，這樣看起來是很厲害，卻讓我勞累不已，同仁也怨聲載道。我不知道，原來這麼做最終只是讓自己心安，卻無助於同仁與團隊的專業啟發和職能成長。

幾年後，我終於醒悟自己是「好心辦壞事」，我應該給出方向，提供看法和建議，但不該給樣板而限制了大家的發展，更不該期待在公司看到一堆像自己的複製人。其實，這世界早就不一樣了，通往目的地的方法有千百種，限制單一走法只會讓團隊或公司停在我眼睛看得到、手腳可觸及之處，這麼一來就無法透過各個同仁累積的能量帶給公司和團隊新的質變，團隊的盡頭也就在不遠的前方。

這幾年，我特別是從年輕同仁身上學到什麼叫作數位思維，這些「行動原生族」的思考模式和作業風格，常常都為我開啟了新的一扇窗。以前做過的經驗都是資產，現在要有不同的變化才能令人耳目一新。其實，你可以讓年輕一代走出他們的路，而不是讓他們走你自己走過的路。否則走得再多、再漂亮，也是你造成的獨木橋，能長到哪裡去？更何況未來是這麼不可測，為什麼要堅持只有你的路才是對的呢？為什麼不讓年輕一代試著帶領大家提升維度，甚至用飛的呢？

當你退後一步觀察他們時會發現，原來他們走出來的那條路是如此多樣、有趣，或是多麼不同！也有可能搞了半天，那條才是正確的路！我們有時候忘了給年輕後輩機會，讓他們去嘗試，反而天天攙扶他們，想要他們照著我們的方法去做，卻不曉得時代已經改變了，但是我們的腦袋卻沒有變。

道可道，非常道，站到旁邊去，或站到後面去吧！把戰場、舞台留給年輕的同仁，給他們資源，並且讓他們知道到達目的地的意義，剩下的，就讓他們用自己不同的風格、想像力、速度，去形成自己的道路。你只要告訴他們原則，讓他們清楚並遵循外面世界的比賽規則，而不要限制他們要用什麼樣的步伐或什麼樣的做法，照著你的方式走一條你要的路。要知道，在新的世界裡，你那條路可能只是一條死路啊！

13 被「誰」制約了？

「我創業時，常常在國外參加展覽，每次去國外就很期待跟台灣人在一起，想說大家可以相互幫忙。但後來我發現台灣人都很自私，常常彼此相害，不像香港人或新加坡人，他們都會彼此拉抬。」一個曾經自己創業，加入公司大概才半年的同事，不經意地跟我提起他過去的往事。我靜靜聽著，好奇這一個中階主管的觀點。

「後來我就習慣跟外國人變成好朋友，反而跟台灣人比較疏遠。但是startup維持不易，所以回來做老本行賺錢比較實際囉！」

「那你現在還習慣嗎？」我伸長脖子，略帶興奮地想知道他這幾年在哪些地方有所成長。

「剛回來廣告業界也不是不習慣，只是那天我去客戶那聽簡報，客戶提了一個宣傳想法，明明很普通，但所有人好像被『制約』一樣，就在那個框框裡面繞啊繞地，不願意跳出來思考。我是覺得這樣很浪費生命啦！」他略帶優越感，眼角餘光撇向窗外，神情驕傲得很。

「你覺得大家被制約，那當下你做了什麼事嗎？」我有點不太滿意地再問他，他突然尷尬了起來。我告訴他：「如果你不能夠跳脫框架給團隊或客戶新的刺激，你不也是被制約嗎？當你跟大家都做一樣的事，那你和你批評的人又有什麼不同？」

在我們這個行業最迷人的就是「反制約」，在我們公司更是鼓勵這點。什麼都照客戶的要求，他們不見得會開心，因為他們看不到你的「價值」在哪！消費者市調做出來的東西，基本上也不會帶來太多驚喜，因為那並沒有超出客戶的預期和想像。

除了企業文化與公司存在的目的（公司存在的目的是「用動人的創意，協助客戶解決問題，創造商機，達成客戶的營運目標」！這不是制約，是信念）這兩件事，我反對任何人在日常作業的任何一個環節裡被制約。通常在日常瑣碎又繁重的工作裡，人們很容易忘掉自己的價值跟責任，因為大家都這樣做、因為客戶要求、因為沒時間再多想一點，所以你我通常選擇噤聲，不得不接受現實；漸漸地動腦會議制式化了起來，創意變得索然無味，解決方案看起來軟弱無力，然後就這樣周而復始，團隊終究有一天會失去「改變」的勇氣。在李奧貝納，沒有所謂的 under instruction，除非你同意；更沒有「不這樣做就會死」，也除非你自己同意。

這個觀念跟建立品牌是一樣的。建立品牌是一個不斷為自己加值的過程，台灣過去以高品質、低成本的優勢搶占市場，現在世界變了，價值觀也變了，以前我們擅長的 cost down，可以壓縮員工福利，擠壓供應商的利潤；但有了機器人、有了ＡＩ深度學習，產品的成本結構可以更快速地無痛降低，我們要怎麼樣再去控制成本？和品牌對顧客的存在價值一樣，我們要思考自己的存在價值。我們個人存在的價值，就是讓你抱怨的地方會因為你而消失，讓大家的價值會因為你而提升，甚至做得更好！

如果你只是一味批判團隊或是自己的國人，沒有作出任何行動來改善你批判的人事物，就別再說別人被制約，因為你被你自己制約了！

每個批判都是讓我們有機會採取行動、去改變，讓世界因為你和你的行動而變得更好。記得，隨時讓自己有意識地「反制約」，做自己；只有做你自己相信的事，活得自在，你才會活出自己的價值。

14 杯子滿了

「哇，這酒真棒，都不用醒，才剛開就這麼好喝、這麼香！」潛力十足的年輕主管興奮地看著我。

我說：「Robert啊，我相信你有一天也會這樣，別人不一定要花很長的時間，才能了解你的價值，體會你的美好！」他很開心地看著我，我看著他反而感到很沉重。這陣子他事情做得順，大家都給他拍手，我也很替他開心。他愈做愈順手，跟別的公司談合作也是一拍即合，在他眼前似乎沒有過不去的檻，但不知為何，我心裡總是有點小小的不安。

我們兩人邊喝邊聊，他剛進門坐下時的滿臉怒氣好像也消了不少。我試探地問他：「你剛是去哪裡提案，怎麼這麼不開心？」

「唉……也沒什麼啦。剛去客戶那提案，我們提了兩個版本，客戶選A，但我建議B，因為怎麼看就知道是B比較好，又符合品牌調性。可是客戶就是想便宜行事，說A讓大家不必傷腦筋。會後，客戶也看出我很不開心，根本不想跟他們講話。」他帶著委屈娓娓說出他的感受。

「有這麼嚴重嗎？你的意思是說A不是我們建議的？」我開始不舒服了起來。

「不是，A是客戶硬指定我們提的，大家知道不可行，當然再提另外一款B比較妥當。說真的，A是客戶便宜行事，不想花腦袋做的，我比較擔心後面產出的結果不好，客戶可能又會怪我們沒有幫忙想好，不懂得如何把關。」

我還是有說不出的擔憂：「講得很有道理啊！會議上你有跟客戶仔細解釋、分析你們的憂慮嗎？」

「有啊！其實客戶那邊，所有人都點頭同意我說的話，就是主要的負責窗口不買單！」他原本平緩的情緒似乎被我撩了起來。

「你要想一下，有沒有什麼是我們之後可以補救的？說到底，我們也不是神，我們也不一定就是對的，搞不好結果跟我們想像的不一樣也不一定。是不是可以用一種比較open的心態去看待這件事情？你也可以記錄一下這陣子的過程，在每一個地方看看能夠怎麼樣把關跟提供建議，讓客戶最終還是能夠得到他們要的結果。」我突然覺得自己又開始嘮叨起來。

「隨便啦！」他喝了一口酒又說，「隨便他們愛怎麼樣就怎麼樣，反正我該提的都提了！」他昂然翹首，拿著酒杯自信地望向遠方。

我看著他，突然知道我的憂慮是打哪裡來的了！

其實，人的自信並不複雜，通常會給自己更多的覺察。你會發現，一個人愈有自信，他的姿態會愈低，他的話也會愈少；相反地，你愈沒有自信，你就愈想讓更多人知道你有多好、你擁有了什麼跟什麼。但當你努力要跟別人解釋你是誰的時候，會發現自己什麼都不是；當你努力要跟人家講自己有多好的時候，也會發現別人可能根本不想聽。

他說：「我有做錯什麼嗎？」

我說：「沒有，你沒有做錯什麼。相反地，你現在覺得終於可以真正做自己了，你在展現自己，就像孔雀開了屏一樣，因為你做事做得這麼好，所有人都覺得你是一個很好的leader、很棒的戰友，很容易說服人家；而且你還有這麼多的專業跟才華。你沒有做錯什麼，可怕的是你展現了你隱藏很久，不敢去表現的自己。現在的你才是你真正的樣貌。」

「那這樣有什麼不好呢？」他不解地問。

「沒有不好啊！只是要看你展現出來的自己，是讓別人因為你而學習更多，潛能發揮得更好，團隊愈來愈強，每個人都因你而成長；還是因為你只想做大哥、做一個發號施令的人，雖然團隊愈來愈大，卻都只是抬轎的，各自無法獨立作業，光芒只在你的身上。你對一些小事與細節感到不耐煩，更可怕的是，你的心可能也關閉了，不去仔細聆聽別人真正的意涵，而只看到表面上的意義。

你讓我看到一個全滿的杯子，無法注入新的水。這杯水如果一直是那樣滿著，那麼它會漸漸汙濁，沒有新鮮的空氣，也沒有新的刺激跟混合。最終那杯水永遠是那杯水，因為它永遠加不了新的東西。它就停留在那一刻，舊的、過時的東西一直沉澱，一直到水都變質了，它仍然開心地展現，告訴大家：看喔，我是滿的！」

15 不要隨便開啟「潘朵拉的盒子」

「不要再算我便宜了！」我很生氣地告訴我的朋友。他是一個餐廳的大老闆，每次我去他的餐廳，他就會算我便宜，我真的很不開心。為什麼？很簡單，我來你這裡又不是因為你便宜，而是就是要來給你「交關」，就是要來你這裡消費，而且你的食材是真的好啊！你的東西好吃啊！你的服務很棒啊！然後你每次都會多給我A、B、C……，讓我很有面子啊！但我就是不懂，你幹嘛要算我便宜？所以呢？每次你做我的生意，你就賠錢，這樣子你不是讓我對不起你這個朋友嗎？而且，就是因為你每次都算我便宜，我反而都不好意思來了，這樣子不是雙輸嗎？

最好，你算我合理價格，沒有特別貴，但是服務又特別好，讓我覺得特別尊貴；然後呢，又多給我我A、B、C、D、E……，這樣我覺得非常有面子，客人也吃得開心，下次他要請他的客戶還會特別指定這裡，你也賺了該賺的錢，大家才都Happy，不是嗎？但是你硬要算我便宜，結果呢？一，不見得賺錢，還可能虧錢；二，反正老闆都這樣，你同仁會不會也有樣學樣，只要是朋友來統統都算很便宜？三，團隊會怎麼想？付正常價格的都是笨蛋？身為你朋友的我也會覺得對不起你。我來的本意是要讓你賺錢，我開心、有面子，客人也吃得開心，多發現一個好餐廳，彼此多交一個朋友，很開心地回家。大家都開心，大家都賺到。

所以，不要認為給朋友最大的面子就是算他便宜，那是錯的。

真正的朋友關係一定是建立在「價值」，而不是「價格」。我今天來找你是因為你的東西有價值，而不是因為你這裡便宜。我們兩個的關係很單純，你有很好的東西，我可以用合理的價格買到，只要你不要賣我比賣別人貴就好了。又如我去菜市場，我會找一家看起來很好的店，然後我不會討價還價，我只會問這個東西好不好？好，我用你的價格跟你買下來，但不好意思，如果回去我發現上面是好的、下面是不好的，或者你的服務不好，我下次就會換另外一家，不再買你的東西。你賺你該賺到的錢，我賺我想要的東西，我們雙方都得到一個很好的結果。而且既然是要花錢，當然要給朋友賺（前提是朋友的東西也符合需要）。

「可是有些人說，我如果不算便宜就是不給他面子，有可能因為這樣下次他就不來了。」餐廳老闆委屈地說。

「所以呢？他有因為這樣常來？」

「也還好啦……」

我最討厭的一種人，就是常說：「我們是朋友，可不可以這次就算『薩密蘇』（service，免費之意）？」或「我們認識這麼久了，可以打個折吧？」好像我們提供的服務不值錢，我們家的人都是吃空氣長大的一樣。我真不懂，那他為什麼不去找便宜的就好了？幹嘛讓他朋友因為他而受委屈，甚至在公司裡被人瞧不起？

更且，做那種愛凹人降價或免費的人的朋友最倒楣了，他有錢、有資源時還要占朋友便宜，要求免費；若哪一天他沒有錢、沒資源了，搞不好還要你養他呢！而且這種人就算你算他便宜，他的要求也一定不會因此就打了折扣，甚至還會因為得不到額外的服務而在外面說你壞話。像這樣雙方都得不到自己想要的東西，不是反而為難了彼此嗎？

降價是個毒藥，當開了先例，就是開啟了你自己的「潘朵拉的盒子」，再也關不起來了，只是最後看你先死，還是員工、供應商先死罷了。一定要記得，我們都要想辦法讓別人因為你而value up，而不是因為你而減損了價值，更不要因為是你個人的朋友而低估了你和團隊的價值。

16 無效最貴

「Down 15%... extend contract to 5 years, what do you think?（降價十五%……延長我們的合約到五年，妳覺得怎麼樣？）」就在昏昏欲睡的時候，突然聽到數字，我馬上寒毛豎起。客戶講的 keywords 嚇醒了我。我立刻挺直脊椎，看著客戶。

「Well, no need to sign the contract for so long, I suggest to use our quote for one year. If we can help to grow your business, then continue.（呃……應該沒必要簽這麼長的合約。我建議不如按我們的報價簽個一年約，如果我們成功讓你們的業績成長，之後再續簽。）」我拚命回想任何感覺優雅的英文字彙，內心的焦慮和急迫猶如上台演講前一般，就怕這位剛到台灣沒多久的法國客戶聽不懂我的英文與意圖。

這幾年的英文聽力還是沒有太大的進步，但是對數字的敏感，往往讓自己在關鍵時刻聽到關鍵字眼時，都能夠給予最直率、不加修飾的回覆。我最痛恨人家要我降價了，創意這個行業是百分之百的精緻手工業，每個客戶都必須量身訂做，獲利率能有多高？偏偏大部分的客戶習慣用聽來很誘人的合作條件，說服我們把合約簽長一些，目的是要我們的服務價格一降再降。說真的，這種合作對我來說是沒有意義的，因為做不好，客戶隨時可以要你解約。所以我每次都跟客戶說，不用簽太久，價格如果不行，那就算了；講難聽一點，如果我們不行，就算降價五十％，對客戶的生意也沒幫助啊！

記得前幾年，有一個客戶要求我們參加比稿（壓著總部逼我們進場），我們也順利贏得那次的年度提案。但是才剛公布比稿結果，客戶就要求議價。我和同仁忍著一口氣過去和客戶見面，他們擺出高高在上的態度，我看得出來同仁氣到眼爆血絲，本來我想我得維持高度、專心聆聽，沒想到沒講超過三句話對方就要我們降價二十五％，還說第二名願意降四十％，他對我們已經很nice了。我笑笑地說：「那您就選別家吧，因為這樣您可以賺更大！」一話說完，我行個禮就起身走人。他在後面一直叫我，要我坐下來談，我懶得回頭再多說半句話。殺代理商的價格，其實對客戶來講，省不了多少錢，因為所有費用都在一整筆預算中，只是放在創意、製作或媒體的比例不同罷了；更且，我們幫客戶做的創意只能收一次錢，客戶卻能持續用好幾年，不斷累積溝通成效，最終轉變為品牌重要的資產。相反地，如果我們協助製作的產出（創意內容）不好，媒體投放的總量再大也沒意義，不但耗費客戶的時間與行銷資源，也讓大家白忙一場，最重要的是還浪費了品牌成長的機會。

再說，一直想殺價的客戶對代理商的要求也不會少，殺價前談價格，殺價後就跟你談規格、談品質。老是接受客戶降價的代理商能請到多好的人來服務客戶？等到客戶不賺錢，公司不是砍供應商就是砍員工，員工不但受苦、沒尊嚴，好人才對公司、對產業失望，轉業離去，久了反而形成一種惡性循環，對客戶長期來講不見得有利，整體產業也可能會因此崩壞，導致人才流失，國家失去競爭力！

很幸運地，大部分的客戶都會想花時間去和代理商建立夥伴關係，因為他們知道廣告代理商是客戶行銷部門的延伸，團隊了解客戶的品牌核心、找出消費者洞察，創造品牌與顧客的深度連結。廣告公司的員工也不會太在意在這個客戶身上賺多還是賺少，他們只在意客戶是不是能欣賞他們——他們會為那些懂他們的客戶費心並拚命。這些都不是天天換代理商的客戶所能了解的。

所以，做任何事別老想著 cost down，「無效最貴」——聰明的，就懂！

PART IV

CEO 不是人幹的

我工作這四十年以來，
只有不給自己後路，沒有自掘死路的！
我常想這個位置眞的不是人幹的，
但也因爲這樣，
才讓人更勇於挑戰自己不是嗎？

01 CEO的錯覺

有次我與客戶討論品牌願景（Brand Vision），特別提到公司共識的重要性。客戶CEO不解地透露：「我們討論的這個願景，在我們公司內部已經談了三年以上，照理來說，每個員工應該都倒背如流了啦！」

我笑笑地說：「那太棒了！現在就請在座的總經理及一級主管，把他們認知到的企業存在價值、公司願景以及年度營運重點，寫在紙上，不記名，我們來做個市場調查。」

當這些資料收集好，顯示在螢幕上時，客戶CEO臉都綠了。

不必對號入座，因為這不是單一個案，更不是特別案例。這種情形在許多公司的共識會上，總是不斷上演。

這幾十年和客戶合作的經驗，讓我發現，CEO這個位置坐久了，很容易有一些錯覺，例如上面提到的「共識的錯覺」就是其中之一。

很多CEO認為自己花很多時間跟同事聊企業文化，討論公司發展方向和未來願景，所有同仁就會像海綿一樣有辦法快速吸收，每個人都會像自己一樣有很清楚的論述基礎，並堅定不移地往目標前進。然而，一個願景或文化的建立，同仁不見得看得到、聽得懂，需要長時間不斷地溝通、說服，也需要時時刻刻提醒、示範，融入在日常作業中，才能讓大家隨時保持在理解以及實踐的狀態。

CEO也很容易會有「時間的錯覺」。有次客戶跟我抱怨，他老闆要東西都很急，明明上午會議結束後才交代下來，隔了一個中餐時間，下午祕書就打電話來催。我突然想到自己好像也是這樣，有次問同仁，事情已經交代很久，怎麼還沒給資料？在我準備開罵之際，同仁才委屈地說：「老闆，您昨天傍晚才說要的啊……」天啊！我真的感覺好像是三、四天前就發出需求了！

CEO還有一項「難度的錯覺」，都以為事情只要交代下去，所有人都會全力以赴。從CEO的位置發出一個需求，當然所有主管幾乎都會全力支持，使命必達；但換了一個人發出要求，難度肯定增加數十倍以上，他要花時間溝通、跨部門協調，更且，同事還不見得會將他的請託當成第一要務去執行。

CEO的位置看起來面子、裡子都很飽滿，但因為對外市場嚴峻、競爭激烈，內心壓力之大，不是坐這位置的人很難理解（當然更不期待有人會因此同情），所以CEO要有一些錯覺，才能忘掉事情的難度，推動創新並往前快速前進。倘若必須事事體諒、處處包容，公司很可能會因此溫水煮青蛙地變得遲鈍，甚而延誤商機。

但在需要建立共識的作業或改變上，CEO可能要更有自覺，時時保持心態開放，接受內部挑戰。有些事可以push（勉強，或加大力道要求），但有些事情則是要convince的，這些眉眉角角，即便到了今天我都還是不斷地學習、匍匐前進中。就如我這篇文章，也引起許多錯覺。

我們家的策略長看完這篇文章說：「嗯，您會反省是件好事。」

但是天啊！我其實天真地以為他會說：「我終於知道CEO的難處了！」

02 把競爭者當後視鏡

「老闆，我好氣XX（一家同業代理商）喔，我們做什麼他們就學什麼，超沒格調的！」剛剛升上業務大主管的Sam語氣雖然平淡，但聽得出來他很不開心。

我回問他：「所以你接這個位置的學習是什麼？」

「我想……我來一招其人之道，反制他們。從現在起，他們做什麼，我也來出同一道菜，看他們怎麼接招。」

聽完這番話，我吃驚到下巴張得太開，久久都合不起來！

許多人會很在意競爭對手的動作，但對我來說，競爭者就像開車時的後視鏡，偶爾看一下就好了，只要確保他不會擦到你、我們也不要擦到人家就好。你不可能一直看著後視鏡還能往前走；老看著競爭者，你穩死的！我們做任何事情就是往前走，重要的是確保自己知道方向在哪裡、願景在哪裡、價值觀是什麼。

有些人會有這樣的思維：「別人不好，我就會變好。」不一定嘛！別人不好，不一定表示你會好。就像SONY和JVC以前在Betacam和VHS的錄影帶規格對戰好多年，老跟消費者說自己的功能比對手強大一百倍，但功能再多消費者最終只會用二到三種，結果到了今天，不也是一起死！同樣地，柯達、富士（還好做了轉型）也是彼此打來打去，忘了外面世界更大、敵人更多，最後隨著新世代使用習慣的改變逐漸被市場遺忘。這正是因為他們的眼睛一直望著競爭者，卻沒發現大趨勢已經跳了一個時代，往下一個維度邁進了。

我們要看的是：該怎樣創造一個新的消費者使用模式、給消費者更美好的生活、解決他們的痛點，這些才是你與消費者之間最需要在意的！和競爭者之間的關係，不應該作為競爭策略的主要參考。例如，有時對方像發神經似地開始降價，你看一下，心裡知道並有所準備就好，但不是說他價格殺成這樣，我也跟著去殺價，這就沒有必要了。

競爭來自四面八方，就因為無法得知競爭者會從哪裡來，我們才應該要更加專注。我幾乎不太在意同業的任何小動作，他們都以為我囂張，其實根本不是。我曾經問同仁：「你告訴我，你的客戶是麥當勞，你覺得你的競爭者是誰？」同仁大部分回答：「其他廣告公司。」我告訴他們，我們是專注於服務客戶，所以客戶的競爭者才是我們的競爭者；因此，你服務麥當勞，那所有外送、速食就是你的競爭者，專注這些，才表示你的腦袋都會一直在想客戶的事。我替客戶賺錢，把他的生意做好，把他們的競爭者打得「咪咪冒冒」（眼冒金星），客戶贏，我們的生意就會跟著起來了。

現在產業界線模糊，你根本猜不到誰會是你的競爭者，因此朋友要更多，大家一起「打群架」；我們可以是整合者、發起者，大家一起打世界大聯盟，不要窩在台灣自己人打自己人，同業間拚死命亂殺價。所以我們也會去結合公關、媒體、數位社群、體驗策展人等深化合作。總之，永遠不要一直把競爭者放在前面當鏡子，形成你的主要戰略。走自己的路，往你的價值觀、你的願景直直走去，一直走在最前面就對了。

03 安全感很危險

「聽說在李奧貝納上班很沒有安全感，每天都必須戰戰兢兢的？」一個朋友這麼跟我說，他說這是他轉了好幾手聽到的八卦。

「我覺得挺好的，你不覺得嗎？」我回他。他瞪大了眼睛看著我，以為我在說氣話。

大家都很清楚我十分在意同仁的福利，我希望每個人在這裡都能感受到全球性企業擁有的不同維度。但假如有同仁因此而覺得公司有必要對他好，要照顧他、讓他享受特殊的員工福利、更多的教育訓練，他自己卻不必擔心未來的產業變化，也不必關心市場動態、不必每天繃緊神經，那很抱歉，這是不可能的！

每次只要有事件發生，同仁找不到方法解決，就會跑來問我該怎麼辦。我也想問神啊！他們只要說聲抱歉，捏著大腿被我念個十分鐘就結束，但我轉過頭還能找誰呢？所有CEO都是這樣，擁有光芒，同時也必須負起所有責任，並承擔所有並非你引起的人員疏失。「概括承受」本來就是CEO的天職，但對我來說，那並不包含為公司每個人創造安全感。

要說沒安全感，我才是公司最沒安全感的。因為我最沒保障，既沒有黃金降落傘，也沒有離職之後能獲得一段時間補償的花園條款，老外一通電話、一封email就可以隨時叫我走路。所以，我隨時讓自己處於備戰狀態，危機意識更是如影隨形。

安全感對我而言是個幻象，就像海市蜃樓，看起來很具體美好，其實是空的。在商場上，安全感更是個假議題，永遠不會出現在競爭的商業市場裡。安全感愈高的公司一定特別危險，這表示他們對外界開始無感，開始溫水煮青蛙，等意識到危險逼近，往往已經來不及反應；所以，任何一家公司的CEO要是宣稱可以給員工安全感，讓大家無憂無慮，他一定是競爭者派來臥底的，因為這種公司的毀滅通常都是在一夜之間。

所以，我自己不追求安全感，也不讓同仁期待在李奧貝納會有安全感，那不是我想營造的工作氣氛；對我而言，真正的安全感來自危機感。就像我老闆誇我多棒、做得多好，我都會提醒自己：好，這件事已經結束了！未來他多給我機會，那是多的；但若有什麼狀況，讓我走路，我也可以理解。

安全感從來不是從外面得到的，安全感在自己的內心，要有堅定的信仰、穩定的心智，知道自己是誰，知道自己要做什麼，知道自己能做什麼、不能做什麼，這才是打從心底產生的安全感。

但請不要尋求安全感，而是要尋求「存在感」。讓你的存在對這個社會有意義，讓你的存在對別人有價值，讓你的公司因為你而卓越、成長，讓我們的客戶因為我們公司而卓越、成長，讓台灣因為我們而更美麗，這才是真正的價值，也是我們曾經存在過的痕跡。

04 你花時間在下棋，還是用心動腦建立團隊？

「老闆，Victor又提辭呈了，這已經是這一年來的第三次，我沒招了啦！」總監Rose急得眼淚都快飆出來了。我請她先坐下來，慢慢說。

「他上次什麼時候提的辭呈？口頭？書面？」我看著她，細細地問。

「大概五個月前吧，他明明答應我至少再待滿一年耶！」Rose摘下眼鏡，不斷搓著太陽穴。「唉，我想乾脆這次就讓他走了，但想到後面一缸子事，我也不知該怎麼辦。」

「Rose啊，Victor上次提辭呈的原因是什麼？跟這次有什麼不同？如果沒有不同，是不是妳沒聽清楚他的需求、了解他真正的問題？或妳答應了什麼沒做到的？」我耐著性子，深怕口氣太嚴，會讓她更崩潰。

「冤枉啊老闆！他上次要求加薪，我也同意達到KPI就加他薪水。但不知道為什麼，調完薪又說想休息！」她不斷搖頭。

「妳上次留他下來後，有沒有思考怎樣解決他的需求，同時思考失去他的備案？」這是專業經理人天天都需要面對的突發狀況。每次面對的狀況也許一樣，但它絕對有不同的發生背景跟原因，如果老是用「上次這樣解決，這次也是這樣」來面對，那我們就真的是一招半式走江湖。同仁離職原因百百種，可能是他想往上走，到不同的產業或是更大的舞台，或者他身體撐不住，或不想跟這個老闆直接作業，或者想要出國去來個大壯遊等。但我的經驗是，辭職通常都不會只有單一原因。

《史記》記載，魏文王問扁鵲：「你家三兄弟誰的醫術最高？」扁鵲答：「大哥的醫術最高。當人的病未起之時，他一望氣色便知，然後用藥將其調理好，因此所有人都認為他只會調理身子，不會治病；二哥則是病人生病初期或身體微恙時，他就用藥將人治好，因此我二哥被人認為是治小病的醫生。」扁鵲又繼續答，「我呢，一定要等到這個人病入膏肓、奄奄一息了，然後下虎狼之藥，才能讓人起死回生。這樣，全世界都以為我是個神醫。但是想想看，我大哥治病，人的元氣絲毫不傷；二哥治病，病人元氣稍有減損就補回來了；而我治病，命是救回來了，可元氣大傷。您說，我們家誰醫術最高明？」

高明的經理人會懂得「杜漸防萌」，在問題還沒有長成小樹之前就趕快砍掉，才不至於要犧牲團隊利益來滿足一個人。如果一個員工常常提辭呈，而你花過多心思或者動用很多資源留住他，我覺得一來這樣根本對不起對方，因為這很可能是濫用情感讓他勉強留下，問題可能從來都沒被解決；二來，把辭職掛在嘴邊的人一定有慣性，認為只有透過辭職才能解決，這就是典型的體制出了問題。勉強留人造成公司資源錯置是一回事，影響對方前途，甚至讓所有同仁對公司產生很不好的印象，那又是另外一回事了。

經理人一定要真心愛同仁，找出每個人的優點，了解他的缺點，給他沒有想過的舞台，還可以找人彌補他的缺點。你怎麼對待離職的人，會讓現有團隊看清楚你的高度，對你有更清楚的認知。你要仔細思考建立團隊的重要，千萬別只是將人當作棋子；如果同仁認為你只是把人視為棋子，那他們肯定也會把你當作棋子或跳板的。

記住！留不留人是一回事，「怎麼留」才是一個重要的訊號——一個你的團隊都在用放大鏡仔細檢視的訊號！

05 盡其所能vs.破釜沉舟

很多時候我們都會回答「try my best」（盡我所能），如果有同事這樣回話，沒有例外地我都會直接說：「你要try嗎？還是要我踹你先？」拜託，要做的話當然就全力以赴，不達目的絕不干休，只有try能成事嗎？

前幾年，我跟我當時的老闆關係不算太好，因為台灣市場的業績連續九年成長，但是他們往往講一堆理由，就是不發獎金給我們。

我所在的環境，經營管理階層的收入分配比例，大概七成是日常薪水，三成是業務獎金；台灣每年業績都達標、超標，按合約、照道理，總部應該要發放獎金給我們，但是他們總會提出一堆理由，像什麼匈牙利總經理捲款潛逃、總部有狀況，或是大中華區或亞洲區數字疲軟……「獎金就沒了」！

二○一四年十月，新的波蘭老闆從歐洲管到亞洲，突然變成我的頂頭上司。他很凶悍，一上台就把北京、上海、廣州、香港的執行長和創意長都換掉，我在印度與他談二○一五年的計畫，他說：「妳一定要成長，我相信妳，妳一定可以做到的！」我回他說：「可以啊，那我做到，你也要做到喔！」他回答說：「Margaret, no problem, I will try my best to fight for your bonus.（沒問題，我會盡我所能為妳爭取獎金！）」

講什麼「肖話」！我聽到這番話，一股火就無法遏制地竄升。我很不客氣地對他說：「Try your best? You ask me to commit myself, and you will try your best? Forget it! YOU TRY, I TRY; I COMMIT, YOU COMMIT!（啥米盡你所能？你要我破釜沉舟，然後你只有盡你所能？少來！如果你盡量，我就只盡量；如果要我拿出決心，你也要拿出決心！）」（以上為危險動作，請勿亂模仿。常在半夜睡不著時想起這一幕，我那天應該是氣瘋了。）

Commitment是什麼？Commitment是台灣的同仁做到了該繳出的成績，總部不給獎金，我就掏腰包自己發，這就是我對同仁的commitment。

有一位頗有潛力的年輕同仁，被我派去經營一個新客戶，他十分拚命也勇敢承擔，只是結果有限。年終我找他做工作評估時，他感到很不好意思，低著頭跟我懺悔：「老闆，對不起，我盡力了。」我當時沒有責備，更沒多說一句話。又過了半年，有一個規模更大的客戶專案，我還是堅持讓他帶，不要說所有資深同仁都反對（因為連跳兩級），連他本人也「皮皮剉」，一直回絕說他沒辦法帶隊。

我只跟他說：「這次你不能 try your best，你必須 commit yourself！我對你有信心，只要你卯起來做，一定有機會發現你的潛能，你可以的。」他回家想了一個週末，隔週禮拜一清早他就跑來說他願意接受挑戰，他會讓自己狠狠地苦一陣子，也一直謝謝我對他的信任。結果半年下來，他不斷逼自己做之前不會想做的事，也因此有了許多新的想法與做法，源源不絕，連我都拍案叫絕。客戶的業績一飛沖天，現在不要說薪資三級跳，連他自己的視野、能力和信心都指數跳躍。

工作是 commit 還是 try，這是兩種完全不同心態的作業模式。一個人只要願意 commit，連老天爺都會幫他的。人的潛能真的是無限的，唯一會限制你的，是你自己！

06 你可以低估自己，但別低估團隊，更別賤賣團隊

「老闆！這個案子客戶只肯給我們兩百五十萬，我們要做整包東西，從頭到尾！」一個副總很煩惱地前來報告。我猜他自知理虧，因為這一看就是個〈馬關條約〉！

「那我們不就會虧錢？你怎麼跟客戶說的？」我眉頭幾乎皺成一團，還要忍住脾氣。

這傢伙不知道哪條筋又燒掉了，突然間眉飛色舞地說：「不過，這次的專案賠歸賠，我們肯定能做出案例喔！」如果旁邊有刀子，他大概就被我砍成兩半了。

我開始念他：「Robert啊，每次你跟客戶討論『錢』，沒有一次順利的。明知道會虧本的案子，你就硬要說成去做案例。你對錢的觀念很奇怪，明明知道自己不在乎錢，不太會談錢、也很不想去跟客戶談錢，但為什麼你總是把自己推向火線，然後不出所料地讓公司虧損呢？」

「可是客戶就是要找我談錢啊！」他愈說愈小聲，知道我已經快發作了。

「這不是廢話嗎？我如果是客戶，也會天天巴著你談錢啊！因為只有你可以接受這麼『可恥』的價格，更可怕的是你給客戶錯誤的認知，以為那個可恥的價格可以買到整包服務和為客戶創造『無與倫比的價值』。他未來一定很難再滿意公司的任何人，或任何不是你提供給他的產品與服務，那不就是全輸嗎？」

「可是，老闆，我真的很不喜歡跟客戶談錢這件事耶！」真佩服他還有勇氣繼續面對我。我只好耐著性子說：「我懂，我真的可以了解，上班四十年，我也必須做很多我不喜歡的事。寫報告、和人耐心溝通、去跟客戶道歉、和老外用英文吵架……還有一些我真的很不喜歡，也不擅長做的事。但我盡量用兩個方法解決。」

做一個領導者最重要的就是要「認識自己」，知道自己哪裡不足；你要麼拚命學習、練習，把它補足，不然就是找一個比你更棒的人把它補足。你真的很不喜歡做，那就找一個喜歡、擅長做那件事的人，讓他／她去補你的不足。但你要能自斷手腳，完全授權，不能想做好人，又把別人談好的 deal 搶回來自己手上，最終搞到爛掉，這樣客戶以後也不會信任你的夥伴，更不會有人想接你的燙手山芋。

我周圍的人，都在策略、創意、社群、數位、AI等某一方面，比我要厲害許多，所以我不用擔心自己不會。要是你身邊的人都比你強，你要弱也很難！如果團隊都比你弱，那你怎麼可能做大？就算你個人再怎麼厲害、再怎麼能做強或做大，也持續不久的。而且，如果身邊的人都比你強，身為領導者的我們不是更應該肯定他們的巨大貢獻與結果，肯定他們的價值，為他們的價值爭取應得的報酬嗎？

如果你最終沒辦法接受找更強的人補你的不足，那唯一的選項就是退下來做專業人，不要再繼續領導，因為你已經沒有幫團隊界定價值、賦予價值的能力了。要做專業人，還是領導者？這是一個很重大的決定。自己想清楚，如果還是要做領導者，那就先自斷手腳，把那個權限拿掉！

如果你不甘於只做個專業人，那麼很簡單，培養自己做一個真正的領導者——可以肯定團隊價值，更可以賦予團隊價值，並實質回饋團隊應有價值的真正領導者。

07 挑戰自己，別挑戰人性

「Melody竟然跑到XX公司，還回來挖人、挖客戶，真是太誇張了！枉費我對她那麼好，她就不要哪一天再被我碰到！」我這位個性耿直的副總經理忿恨不平地說。「總有一天她會嘗到苦頭的！」他又悶悶地補上一句。

我完全可以理解他的憤怒與懊惱。他從Melody剛畢業一進公司就一路調教到今天，五年來讓她連升三級，更別說平常對她照顧與偏愛有加。記得Melody遞辭呈時，他竟然還在我面前滴下英雄淚。他萬萬沒想到當初說要出國深造的Melody，竟然跑去競爭對手家。

「如果重來一遍，你還是會用她，對她一樣好嗎？」我直視著他的眼睛問道。

他低頭不語，久久才嘆了口氣說：「會吧！」聽起來像是一股壓在胸口的怨念，隨著「吧」這個字完全釋放出來。

你覺得智慧型手機是故意要殺死鬧鐘、相機、錄音機這些產業嗎？或只是單純想滿足消費者的使用需求、在既有的手機市場繼續擴張的產物？我相信，

Melody很可能是急著表現，想在新東家建功，從她的角度無可厚非，這是人性。十三年前，一個相知相惜超過十年的協理，對我也做過同樣的事，但我自己不會這樣做，單純是個人價值觀的不同，無所謂對錯好壞。就像你走路時盡量不要撞到人，但就是偶爾會有人撞到你，難道你要轉過去再撞他一次嗎？

人性有善有惡，有些職務就是容易逼出人的貪念或狼性。領導者要思考，怎麼透過制度或系統幫人避掉陷阱，而不是一味指責，並把對方貼上一輩子「叛徒」的標籤。每個人都要求生存，吃相是否優雅對每個人的重要性不同，你若無法把人帶好，建立堅強團隊，把客戶做好做穩，她不回來挖，也會有其他人或其他公司來挖，結果都一樣，計較是誰搶走你的人或客戶有意義嗎？

一個領導者最重要的是環境、文化、價值觀的經營，你是讓你的團隊盡心盡力在激發潛能，在外面市場盡情揮灑？還是為求上級賞識，在內部汲汲營營？人不是神，總是善惡兼具，很多時候我們都不知道下一刻做的事是否會傷己傷人，甚至做出將來會後悔的事。自己都很難掌控自己了，又何必因為無法掌控他人而感到憤怒？

我只能要求自己不要創造出一個讓人的貪嗔痴容易現形的環境，而無法期待一個永遠沒有問題的公司；我只能期待自己不要做傷人的事，而不要太在意被別人傷害。這不是唱高調，而是不想被二次傷害，並成為自己永遠的痛，甚至因著一個痛，忘了如何對人好，到最後，受傷最深的不仍是自己嗎？對別人生氣，卻回來懲罰自己，這個帳怎麼算都划不來的。

下次憤怒之餘，記得挑戰自己，避免同樣的事一再發生；更重要的是，不要讓任何人激起你心中的惡，更不要讓任何人減損你心中原有的愛。

08 最不該有的期待

「現在年輕人都很不懂得感恩耶！」一位在業界很有分量的總經理忿忿不平地對我抱怨。

「喔？為什麼他們要對你感恩呢？」我很好奇這位用著袖扣、舉手投足盡是紳士風格的總經理被什麼事給激怒。

「妳知道我為了他們做了多少事嗎？找大咖講師分享職場心得，還送他們出國培訓。我對自己都沒這麼好了！」

「那你為什麼要培訓這些員工？」

「讓他們有更好的技能啊！」

「更好的技能？然後呢？」我開始咄咄逼人地追問。

「這樣他們就可以把事情做得更好啊！」

我不放棄地追問：「然後呢？」他就沒再吭氣了。

我以前跟這位總經理一模一樣，很在意同仁到底能否理解我的用心良苦，想看到他們早日突破自己的天花板。當然，我也期待過程中他們會隨時心懷感激，知道我是一個好老闆。但是，我一直沒有得到多數同仁的感謝信件，仔細檢討後才豁然開朗。第一，你規畫的這些員工培訓，當然是為了公司好而設計的，因為你知道員工的整體素質提升，公司才能因此受惠；第二，你對員工付出的心血，本來就是希望他們變得更好更強，所以，重點應該是問他們「有沒有因此變得更好」，這跟他們對你要不要感恩是兩碼子事。如果同仁受訓後有對你說聲謝謝，那是你多賺的；沒有也無妨，畢竟那本來就不在你計畫之內啊！

十幾年前，我開始讓公司全體同仁分批出國參訪，到其他國家去見習，一開始還有同事回來會偷偷跟我道謝，說她人生第一次出遠門就是公司給的，當時我驕傲得很。幾年過去，已經沒有人回來會跟我道謝，老實說，我心裡亂不爽的，有天晚上寫日記的時候還邊寫邊罵同仁。但寫到一半我突然笑了出來，我罵自己是「神經病」！今天讓他們出去，是為了讓他們有更廣闊的眼界，讓他們了解世界的多樣性，讓員工因為你而開啟他們的無限可能，讓他們在李奧貝納有很棒的生活體驗，更因此而成長。送他們出國，從來就不是為了讓他們跟你說謝謝吧？想到好多同事人生第一次搭飛機出國、第一次去倫敦看裝置展覽、第一次在古堡喝紅酒、第一次享受希臘一望無際的留白，這些都是在李奧貝納時發生的，想著想著，那一夜自己還笑得滿開心的。

所以我和那位總經理說，其實很多時候，我們要回來檢討自己的動機，要幫人做事就純粹是為了幫他，幫完他，這件事就結束了；感恩是自己和自己的對話，以及自己對別人情感的表達，但絕對不能是對別人的期待。我們很容易把別人對自己的付出視為理所當然，但當自己對別人付出時，卻又期待別人有所回報。

我一直記得黎巴嫩詩人紀伯倫曾經說過：「當你快樂地給予，這個快樂就是你的報酬；當你很痛苦地給予，這個痛苦就是你的洗禮。」

這世上最不該有的期待，就是他人對自己的感恩，任何一件你想對別人做的好事，若能只是單純想讓他們好，那你做完時，自己就會開心了，甚至會有成就感；但若你還期待對方的感恩，那你就等於把自己的情緒交給他人掌管了，更可怕的是，前面幫他們做的事也等於打水漂了。

09 算總帳

「老闆，Evelyn 還是要辭職耶！我有把握，如果薪水再多加兩千塊，她應該會願意留下來喔！」這個中生代的主管 Daniel 跟人資主管談過，又來找我討論。我對他幫屬下爭取加薪印象深刻，但了解狀況後，我跟他說還是尊重人資主管的調薪建議。若她對公司環境滿意，也覺得公司還有很多可以學習的地方，只是單純覺得薪水跟外面有差距，那我建議讓她離開。

「為什麼要放她走？老闆。Evelyn 在公司多年，表現良好，公司也送她出國參加 Workshop，是屬於前段班的好人才，這一陣子有其他公司挖角，她對調薪比例就有了心結，從人性的角度完全可以理解啊！」Daniel 很難過，對我的態度也感到有點意外。

人很奇怪，別人碗裡的飯永遠比較香。在工作上，通常看自己公司都看少的，看別家公司就覺得他們福利很好。但蘋果、橘子怎麼比？其實，我幫公司同仁爭取的三節獎金、電信補貼、手機購機補貼（當然是只補貼使用客戶品牌的同仁）、國內外一流受訓機會都是全世界獨有的，這些都已經被視為理所當然，所以從來就不算在他們的總所得收入內。我們雖然說是要活在當下，但是不能每個當下都在計較，我覺得人還是要好好的算總帳。

什麼叫算總帳？就是算帳時要放進時間的軸線，要用一段時間，而不是只有「當下」這一刻而已。不要認為每一次都要跟人家算到贏，倘若你每次都要「急急贏贏」，往往就會啟動「負面循環」，坐在你對面的全都成了輸家，請問，誰願意跟你合作？你如果忘掉「當下的輸贏」，不是每一次都要求贏，這時候就比較容易啟動「正向循環」，然後透過這個循環去開啟另一個好的循環。把時間拉長來看，那個總帳不一定比較差。

儘管李奧貝納在台灣的舞台很廣，對同仁也十分尊重，加上服務國際領導品牌的學習機遇也難得，但是如果同仁還是覺得薪水不夠好、別家公司給的薪水比較高，我不但不慰留，還會鼓勵他去；就像想去對岸工作的同仁，我除了祝福他，還會幫忙介紹集團在中國大陸的其他分公司給他面試的機會。畢竟，強摘的果子不甜。

我從來不會想要天天去管任何一位同仁的上班時數，或是煩惱他會不會偷雞摸狗，何必呢？他能偷雞摸狗多久？我通常只會算總帳。一年後，有沒有幫客戶做出成功的案例？服務的客戶是否能夠不斷有新的突破與成長？如果你真的聰明過人，隨便兩下就能做出最佳案例，比起人家苦做了一年還要好，那我還跟你爭什麼呢？

記住，不要執著在一時的算計，一時的算計永遠是「短多、長空」。把你的能量、時間、注意力全部放在追求如何能夠有更多的創新？如何對這個世界有更多的貢獻？這些最終對你一心所追求的事一定會有實質貢獻的。至於對人的算計，真的沒有好處，因為很有可能，當你拿著算盤在算計對方的同時，他正在用計算機算計你的價值！

10 領導者沒有悲觀的權利

「老闆，我想改變一下團隊作業，把全職做A客戶的team，撥出至少二十%到三十%的時間去做B客戶。」我那位自認很有觀點的執行副總，興沖沖地拿了新的組織圖來跟我討論。我看了一眼組織圖頭就痛了，問他為何要做這樣的安排。

「因為A客戶有潛在風險，如果下一季A客戶的合約沒拿到，這二十人的組織鐵定完蛋。如果我們堅持不裁員，是否該先做點預前管理？」

聽完他的立論，我差點腦充血，但我拚了命，沉住一口氣，深呼吸後說：「Vincent，你當過兵沒？如果你的將軍告訴你：『這場仗我沒把握贏，更糟的是前景不明，你先邊打，我會邊來找哪裡有退路。苗頭不對時，你們就從那邊的戰場上撤退下來！』請問這樣的將軍，你敢跟嗎？戰爭打得贏嗎？」我不敢相信這麼一位高階經理人會說出那種話。是我沒帶好，還是他亂了套？

「領導者絕對沒有悲觀的權利。」我態度嚴肅，一字一句地說，「尤其是大部隊的領導者，如果你對前景悲觀，很簡單，麻煩你直接告訴我，這個部隊你帶不動，你下來做士官長就可以了，不要擋死前方，卡死團隊成長的那條路！我工作這四十年以來，只有不給自己後路，沒有自掘死路的。假如我前面沒希望了，應該是我自己趕快退下，讓有能力的人上來帶大夥突圍。一個領導者怎麼可能會想說：『好吧，我們偏安吧！既然市場狀況不好，做不了一億的生意，就來做做二千萬的生意好了！』一個隨時都在打算撤退的領導者，要如何保護團隊？更何況，從公司的角度、從同仁的角度，不成長是不可能存在的，你怎麼可以阻礙大家前進呢？」

有一次我去客戶那拜訪，對方跟我抱怨說：「你們團隊的人好奇怪喔！給你們生意你們都不接，只會一直跟我說『沒辦法』『人力吃不下』『大家都做得好累』，你們生意真的這麼好喔？」我聽了差點昏過去，一回到公司馬上召開緊急會議。誰敢直接拒絕客戶生意，就是犯了我們公司的天條！因為在工作上，你只想到自己做不來，卻沒想過團隊的下一步。

公司願意給你舞台，你一定不可以自建天花板，認為自己沒資源了，就隨便丟包。你可曾想過，以公司的立場，這個機會可以讓別人來承作，或者請公司給你更多支援？如果你只是怕太辛苦，那簡單，請站到旁邊，不要占據那個位置，因為你占著資源分配的角色，既怕累又懶得找方法，自己不能向上成長就算了，卻同時還在搞死團隊、放空公司。

領導者沒有悲觀的權利，你的天職是帶領團隊創造成長、尋找機會、開疆闢土、搶占市場。你當然可以讓同仁知道世道多險峻、大環境有夠難經營，但你不能夠兩手一攤，讓團隊站在原地空轉，這只會讓隊友對未來失去希望與期待。若你三天兩頭悲觀哀嘆，請從你的位置上走下來，讓其他人繼續帶領團隊前進，千萬別再讓團隊在沒有光亮、不見出口的隧道中低頭漫步，因為你喃喃抱怨、低頭無措，會在失去方向的隊伍中不斷被傳誦著。

11 不要適應，要創造

「在新公司有很多東西都不熟悉，我現在最重要的就是趕快適應那裡的新環境。」朋友表達得很急。知道他竟然要離開待了十幾年的公司，去另一個跟他舊公司對等、直接競爭的公司，嚇到我嘴巴都合不起來。他說：「除了趁年輕，最重要的是要看看在其他不同的環境，能否再有新的學習和挑戰。」在四十歲出頭，家裡需要穩定收入的當下，願意主動脫離舒適圈，去一個充滿未知、不確定，但是有更多磨練的地方，這樣的決定真叫人替他捏了把冷汗。但開心的是，至少他選擇留在台灣繼續打拚。

「你千萬不可以適應環境！」我看著他，語重心長地說，「千萬不要想你要怎樣適應現在的新公司，而是要去『創造環境』。」

「為什麼呢？」他滿臉狐疑、丈二金剛摸不著頭腦地問我。

公司找高階經理人，尤其是在同一家公司服務超過十年以上的經理人，絕對不是請來用個一、兩年就準備放生對方的，也不是為了彌補短期某些業務線的人力短缺或是組織的空窗期，更不可能只為了搶競業的業務急單（若單純因應業務需要的擴編，公司應該會找更年輕些的經理人）。公司這麼做一定有其他為了生存、成長的原因，希望藉由體制外的人員為內部帶來改變。新的高階經理人是不是適應或是如何適應，根本不是公司考慮的重點，如何可以讓改變真實發生才是！

就算你適應了這個新環境，對他們來講，等於多了一個相同的人，那當初只要將他們現有的人往上升就夠啦，何必大費周章找來一個空降部隊，做一樣的事？最重要的是，你能不能創造一個不一樣的環境。你是一個高階經理人，你進入新的公司不是只在幫他們把事情做好，而是要讓他們對這家企業、對這個環境、對整體市場有一些新的、不同以往的刺激；可是如果你適應了新的環境，你要麼會用以前的老方法去做事，但彼此不適應，你很快就陣亡；要麼會用和新公司同樣的眼光或是同樣的方法做同樣的事，這就失去了他們找你的本意了。你可能會學到一點跟你過去不一樣的東西，可是你對這間公司的幫助，可能就沒有對方想要的這麼多了。

千萬不要浪費前半年老闆給的蜜月期和同仁的觀察期，不要去想他們要什麼與如何適應這個團體，be yourself！注入你的熱情，注入你想要挑戰自我、提升潛能的渴望，做出不同。不管是想法、做法、結果，只要有不同，一切好說，但是一定要在價值上有不同的提升。像我們做品牌，如果只一味設想客戶要什麼，或者順應客戶一直在想他們自己要什麼，而不去思考消費者或市場真正的需要，那麼最後成效不如預期，就是必然的結果。

12 達摩克利斯之劍

「妳在台灣做這麼好，連續十一年業界第一大，妳老闆不能沒有妳啦！」跟服務十多年的客戶聊兩岸市場時，客戶突然笑笑地說。不過，聽在我耳裡只覺得頭皮一陣麻，對我而言，那些幾年第一大的事，統統都過去了。

記得第一年被媒體評選為台灣第一大廣告代理商時，集團內外都覺得很不可思議。第二年又被評選為第一大時，只覺得老天眷顧，讓我們能發揮所長，當時確實走起路來都會飄飄然。但是從第三年起，我每一年反而更格外地戒慎恐懼起來。試著從老闆角度想，既然已經連續這麼多年占據榜首，CEO這個位置可能誰來坐都差不多吧？更且，對我們而言，台灣是我們的全部，但對老外而言，台灣總是被併在大中華區，相對於中國大陸，台灣市場就是小，從大中華區的角度，台灣貢獻度連十分之一都不到，根本沒有太多話語權。因此，即便我們已經是台灣的第一大，可在集團（非個別公司）的大中國版圖裡，我要拿什麼跟老外bargain？

更何況，台灣已不是他們期待業績大爆發、大成長的來源，所以，他們能做的就是「擠利潤」，老外普遍相信能壓縮多少成本，就能擠出多少利潤，因此，很多外商公司這些年將台灣降階，不再聘任CEO，只成立區域Hub，台灣當地也只留業務或Trade Marketing。這點不複雜，當公司成長動能不再值得期待，「利潤」就成了唯一指標，而CEO這個位置，就是最好的利潤來源。

這就是為什麼我說坐在CEO這個位置，隨時都覺得頭上好像有一把劍，就像以前古希臘的故事——「達摩克利斯之劍」。

古希臘國王讓他的寵臣達摩克利斯坐在自己的位置上享受著佳餚美酒，指揮群臣，威風八面。但在達摩克利斯樂不可支時，突然看到他坐的王位上方有一把僅用一根馬鬃毛綁著的利劍，那把劍就對著他，隨時有可能掉下來，嚇得他完全無心享受佳餚，也失去對掌控權力的欲望。

CEO這個位置就是這樣。我們知道那把劍隨時有可能會掉下來，但我們不知道它「什麼時候」會掉下來，你必須非常警覺才有可能避免人頭落地的險境。當然你也可以在那邊繼續飲酒作樂，但若因此在不經意間，讓劍掉在你身上，那就怪不得別人了。

這也就是為什麼我要不厭其煩地講給別人聽，也提醒自己，品牌的價值來自差異化的原因。台灣市場在國際集團內的品牌意涵是什麼？我們要如何透過擴建自己，創建公司不同的價值？這不是勉勵他人，而是要求自己每一年都能夠有具體的不一樣，並因為我的不一樣去帶動公司的不一樣，讓公司的價值不同，並「有感」地提升，這樣我才能讓老外看到台灣的價值。

所以要如何從外國人的角度，講他們沒想到的故事，讓他們用不同的角度來看台灣，並感受到台灣對集團未來成功的「關鍵與美好」，就是我不可逃避的課題。雖然終有一天我一定會下課，但能在下課前多用集團的全球資源幫助台灣人，幫助台灣企業成長，也是我「摸蛤蜊兼洗褲」，念茲在茲的重大議題。

無論如何，千萬要記住，專業經理人要讓這把「達摩克利斯之劍」常在自己心中，永遠不在他人手上。

13 Prepare for Lonely

「最近我做了一個很tough的decision：砍掉一個很重要、營業額占了我們公司業績快二十％的經銷商。」我聽完酒瓶倒歪了一下，還好酒還是倒在杯子裡。出差去北京和一個外商的大中國區CEO一起晚餐，他帶了一瓶很棒的紅酒。異地出差，有好友、好酒，我差點就飆淚了。

「心情有受到影響嗎？」我問他。

「每個人都有不同的意見，對後續市場狀況也有各自的解讀，加上我老闆插手進來，內部太多利益糾葛，外人也不了解，沒個人可以商量！」他一口氣說完，聞了下酒香，靜靜喝完杯中的酒。

看著他，除了欽佩，更多是尊敬。中國這麼大的市場，全世界焦點都放在這裡，想做個什麼決定或做點什麼改變，旁邊的雜音肯定吵死你。要是這個改變讓公司成長了，每個人都覺得自己有功勞；如果公司業績出了問題，抱歉，那是「您」做的決定，當時我們都有再三提醒過「您」。

每個人都需要別人的認同，當CEO的我們也不例外，所以我們都希望做一些讓大家愉快的決策，最好是所有人都拍拍手。但這世界上沒有那麼完美的事，身為CEO必須清楚並設定優先重要順序。對我們而言，最重要的事，就是能夠讓這個企業有生命力，能夠成長、繼續往前走。

然而，你在做決策時，有時候旁邊的人是看不懂的，因為每個位置的高度不一樣，看到的面向自然就不同，尤其牽涉到「人」的事情更無法與同事討論，畢竟在公司內部是沒有祕密的（只要說了，就得假設訊息會傳出去，那是人性，而我們不需要挑戰人性）。不管別人在旁邊出多少建議，拍板的一定是你，最後那一槍，還是要由你扣下扳機。

決策就是你下的，多少人講你好、多少人講你不好，都不重要，為什麼？因為結果是好是壞，都是你自己必須承擔的，前方四下霧茫茫，也只能你一個人走進去，之後還要確保，你能回來接大家走過去。

所以當你坐在那個位置，你就要「prepare for lonely」，不要老想去做一些讓人家開心或愉快的決定，也不要去思考這個決策外人會不會懂、同仁會不會了解，更不要到處去解釋為何你這樣做、那樣決定，因為那根本不是CEO這個位置要思考的。最重要的是，你要怎樣讓這個公司在艱困的市場中存活，讓同仁成長，走向世界。

最終，人家才會尊敬你，並欽佩你敢在那樣的時候，做那種tough decision；敢在那個時候，做不那麼被相信的決定。而這個「lonely」，就是多數成功CEO共同的身影。

14 是「必然」還是「偶然」？

「聽說最近有幾個總經理都下台了，妳知道嗎？坐這個位置的人真的好危險，隨時都要有心理準備。妳會擔心嗎？」一個同樣在外商服務的朋友關心地問我。

「不會啊！」我淡淡地回他。

「也是啦，妳的業績一向超前，客戶名單又這麼漂亮，每一年都還可以持續成長，老外怎麼敢把妳換掉。」

我苦笑地看著他，「不是這個原因啦！」他根本畫錯重點了。

七、八年前，看到身邊的朋友或是客戶從他的位置上退下來，我總是很擔心這件事會發生在我身上。在外商，你要有做不好隨時會被請下來的心理準備，但慢慢地我發現，對老外而言，做得再好都是過去式；更且，你看到的面向和你老闆看到的面向是不一樣的，你根本不知道他面臨到的問題是什麼，他甚至必須為了更大的市場犧牲一個區域，這都是沒有對錯好壞的事。所以不管做得好或不好，你都會發現，辭職跟被辭職都是「必然」，差異點只在於「時間」。那麼你要讓時間站在哪一邊？有一天我突然想通了，既然是「必然」會發生的事情，我就不再花時間去擔心了，因為過多憂慮也於事無補；但是我要讓時間站在我這邊，我唯一要做的事就是讓自己心裡有所準備，並採取行動去面對那個「必然」的到來。

有些人「被辭職」後，過於驚嚇、憤怒與沮喪，久久都無法面對人生，就此一蹶不振。有些人則更努力學習，繼續跟外界、朋友聯繫，了解商界動態，讓自己跟上市場的腳步，甚至開始學習自己不擅長的新技能，因此找到另外一個不同的春天，甚至感謝之前的被辭職。這些相同的事件卻有著不同的結局，後來的差異，其實都在於面對者的心態！

大多數的時候我們都會說自己有所準備，但其實都是嘴巴說說而已，到底有沒有行動是一回事；嘴巴講跟實際上面對，又是另外一回事。除非你相信終有一天一定會下來，並把它當成重要的事，否則都會一天拖過一天，直到「被驚嚇」。但不管如何，只要你是上班一族，遲早不是辭職就是被辭職（退休也是如此）。

我坐在李奧貝納大中華區總裁這個位置，肯定是一百個以上的「偶然」促成的，但有一天我會從這個位置下來卻也是千真萬確的「必然」。既然是「必然」會發生的事，我就要隨時有準備——是要自己辭職或是被辭職？走的時候要什麼？不要什麼？

我的學習是在人生路上，碰到「偶然」的結果，一定要感恩。好的結果不但要感恩，還要珍惜且分享，給予他人你有的好運；壞的結果你更要感恩，感謝老天爺，還好這只是個「偶然」，不要讓它變成未來會再發生的「必然」。因此碰到困境，停下來想一想，這困境是必然？還是偶然？

永遠不要讓任何人決定你的人生，永遠不要為任何人停下你前進的腳步，永遠不要讓你的「必然」驚嚇你，更不要讓你避之唯恐不及的「偶然」成為你未來的「必然」。

15 天使都不敢踏入之處，愚人卻湧入

「我現在最煩惱的就是業績了，時機這麼差，也不知道業績要從哪裡來。」我才恭喜完剛升上總經理的朋友，沒想到他的第一句話竟然如此沉重。

我說：「你沒有歡喜嗎？想正面一點嘛！」

「我的歡喜好像只有在老闆跟我說的當下很開心，宣布前還有期待，宣布後不到一天，就開始想到老闆交待要怎麼去衝業績，任務是要能夠讓業績提升、利潤拉上來之類的。說真的，我現在滿腦袋都是生意要怎麼做，連吃飯都有點食不知味呢！」確實，他坐下來聊天到現在，筷子都還沒拿起來過。

看他愁眉苦臉的樣子，讓我想到我自己在二〇〇四年，剛升上來當董事總經理的時候，也是東奔西跑的。前面五到七年，好像沒有一天不是在為業績拚命，跟客戶吃飯從來沒有吃飽過，因為我滿心只想著怎麼幫他們提升業績，常常是回到家吃碗泡麵就過了（後來奢侈些，會再加上一點紅酒）。我記得有一天，有位朋友對我說：「咦！終於有一天吃飯沒有聽到妳在談業績或客戶的事了！」這已經是二〇一二年，也是我接董事總經理這個位置八年後的事了。

CEO這個位置真的很有趣，有時候想一想，好像「天使都不敢踏入之處，愚人卻湧入」。大家都喜歡、想望這個位置，卻不曉得這個位置背後要承擔的責任。當然啦！我們講的是負責任的CEO，真的不需要擔心的，大概就是不需要去想達到業績後，如何完善員工的發展、福利與社會責任的那些CEO吧。

但不可諱言，我也承認我是個愚人，而且是「青瞑毋驚槍」。愚人會湧入這個地方，是因為這個位置有它的吸引力，不光只是package誘人，還有一群人對你的信任與託付。單單這樣，我就覺得任何人都可以抱怨，只有CEO這個位置是最沒有資格抱怨的，因為資源都在你手上啊！而且當你做出心得時，你會發現你可以給好多人機會、舞台，讓更多人成長，而且可以為這個社會提供更多資源，並貢獻更多價值。

後來想一想，事實上，也是坐上這個位置，才有可能面對形形色色的問題，如部門間的衝突、客戶天外飛來一筆的要求等，這些想也想不到的恐懼，你不面對，如何能夠悠遊其間？而當面對的時候，你會發現，並不是解決掉問題後，你就不恐懼了，而是必須學習與恐懼共存。問題一定會來，你可能不知道要怎樣面對，只能不斷想辦法解決；有趣的是，解決後，下一個問題一定比前一個更大，你的恐懼會不減反增。該怎麼樣與恐懼共存，就是每個人的修練了。

這個世界不是說你對了一次，就永遠是對的；面對恐懼也不是衝過一次，你這輩子就永遠不會再恐懼了。擔任CEO需要面對壓力，解決永不停止出現的疑難雜症，創造永不停止的成長，這些對我而言，都是存在的事實，永遠不會消失。

飯一口一口吃，問題一個一個解決，恐懼一次一次面對，我不斷學習如何跟恐懼共存！但我知道每一次面對恐懼，都是一個學習，也都是一個里程碑，讓我知道我的極限在哪裡。而當我愈往前走，世界的邊緣也會愈往後退，讓我看到不同的新世界。

16 走著走著，就忘了要去哪裡了

「是！老闆！」祕書聽到我的呼喊，立刻衝進來。我看著瞪大眼睛準備接指令的她，突然忘記請她進來是要交代什麼事情。

我們常常這樣，拿起手機一開始是為了要找資料，結果打開後發現很多未讀訊息，忽然間又有一封email通知進來，於是開始一則一則地慢慢看，等看完所有訊息後，卻忘了剛才急著拿起手機是想要做哪件事了。我自詡行動力挺好的，靈感來了就立刻衝到某位同仁的座位旁，一開始不好意思馬上講主題，總是先寒暄個兩句，但寒暄完了，卻忘了剛剛要找他聊的主題是什麼。

日常作業都這樣，更別談我們對自己設定的三年、五年計畫與夢想了；甚至，那些在年初就設定的目標與重點，常常很多時候記起來自己還感到驚訝：「啊！我原先設定的目標是A，怎麼會走到B？」如果是好的結果那也就罷了，但和原先設定的目標有所出入，難免有時還是會覺得有那麼一絲絲遺憾。

愛情似乎也是如此。和自己的另一半熱戀時，一心一意想要給他一世美好的承諾；結婚後，柴米油鹽醬醋茶，再加上小孩以及和對方家人的互動與磨合，每天談的事情好像已經遠離了愛、憧憬與珍惜，曾經看到她微笑時心裡的悸動，曾經摸到他大手時的溫暖和感動，都似乎已成了上輩子的模糊記憶。

個人如此，更不要說是做生意了。我們都只記得做生意要賺錢，那是基本，但一定有一些我們曾經想過的美好——除了賺錢以外，想要出人頭地、想要幫助別人、想要給家人更好的環境、想帶給團隊成長、想要讓自己在這個世界上留下點什麼、想要這個世界因為我們而變得不一樣。但偏偏，我們為了做生意，犧牲了許多，像是身體、友誼、親情、團隊責任、偉大夢想……，一定要等到失去了，才發現人生順序弄錯了。如果來得及補救也就罷了，就怕一回頭，已經成了一輩子的遺憾。

每年開春，全公司的早餐大會時，我會讓所有同仁再看一次李奧貝納老先生的「何時把我的名字從牆上拿下來」的紀錄影片，讓同仁再度溫習為何當時想要進來這個產業的初衷，也讓自己更堅定在這家公司的信念，「伸手摘星」，為客戶達成營運目標，讓社會因為我們而更好。

當有一天，走著走著，忘了要去哪裡的時候，記得停下來，跟自己進行小小的對話，回去看看自己的日記，永遠不要忘了出發時對自己的承諾。就如達文西所說的：「當你嘗試過飛，日後你走路也會仰望星空，因為那是你曾經待過，並渴望回去的地方。」

世局很亂，市場很難做，錢更不好賺，但這都不會是我們來這個世界的目的，記得心情不佳、感覺混沌、忘了要走去哪裡的時候，坐下來，回顧一下你最初做這份工作的理由。堅持在這個地方的目的是什麼？什麼是你人生最重要的人和事？我們如何體驗這個世界？你最熱切想做的事是什麼？

每年，每季初始，隨時記得自己要走的路，就算偶爾錯過，也還會知道之後要去哪裡。

17 不死鳥

「老闆、老闆，我聽說某某媒體公司掉了一個最大的客戶，業績占了他們將近三十%！你看那個總經理會不會下台？」

「Warren 啊，你是不是太閒了？人家的事干你什麼事？」

「沒有啊，老闆。只是沒想到會掉這麼大的客戶，想了都恐怖！」他急著辯解，「而且這個客戶是外商的客戶，如果是整個 global 掉的，對他們來講，應該就比較沒有什麼影響吧？」

「你說完了沒有？」我噗哧一笑，「你去查一下我們的歷史，我們在二〇〇六年，國外也曾經把我們第一大的客戶挪到香港去；過了三年，我們又有一個客戶因為政府的法令也是掉了，占了我們業績將近二十%。」

連續四年我們都被整得很慘，那時候國外哪會管你說是因為你們國家政策的問題，所以你掉了業績；或者說是因為要把這個客戶挪到別的地方，所以能夠接受你的業績掉了兩成還是一成。真的別傻了。我當年還飛到印度去，跟老闆講說：「台灣剛頒布一個新法令，實施一例一休，這個一定會影響我們很大的獲利，將近一千萬，獲利率可能會下降幾個百分點。有沒有可能稍微調整獲利目標？」

這個波蘭老外就用很同情的眼光看著我說：「Oh, what a pity! I know you can do it, and for sure, I can count on you, let's go to next topic...（喔，我想妳應該會有辦法解決的！來，讓我們進行下一個議題……）」

我永遠都忘不了老外那個神情。我心裡就想說：「好加在，老娘我都有準備，不然就真的會活活被你氣到吐血而亡。」永遠不要去老外那邊找同情。你做得到，他欣賞你；你做不到，他換掉你。他對你的同情，就是對自己的殘忍。坐在這個位置上，你就要心裡很有數，不管是誰的問題，到最後就都是你的問題，這就是CEO的宿命。

我常常在講，做CEO，最好把自己當成「不死鳥」，隨時能夠像個浴火鳳凰，天天燃燒，不但要發光發熱，最後呢，還要能夠發錢！

一個CEO如果不能預見問題，要麼讓問題不要發生，或至少要能夠在發生問題後快速解決，並思考以後如何不再發生。絕對不能說：「沒想到這個問題會這麼可怕！」「沒想到發生得這麼快！」或是說：「沒想到會碰到這麼大的問題！」那神來了也都不能解決。從外商的角度來看，他不需要神，他只要換掉你這個人就好了。

所以，從今以後不要再去幫你的客戶貼上「本土客戶」或是「全球性的客戶」這種標籤，只要是在台灣，那麼他就是你的客戶，是你的領土範圍，也就是你的責任範圍。不複雜，很單純，扛起你的責任，快樂地往前走吧！

PART

V

一起發光，天就會亮

每多一次抱怨，就多一個黑暗，
一群人發出抱怨，就形成了一片的黑暗；
那黑暗不會只吞噬別人，
一定也會把你吞噬掉的。
如果我們慢慢地一起發光，
整片天……肯定會跟著亮起來！

01 什麼時候才「夠了」？

「扣掉油錢跟車子的折舊費，我一個月大概可以賺新幣三千塊左右吧！」

有段時間沒有到新加坡出差了，一坐上計程車馬上跟司機聊起天來。計程車算是民生消費的末梢神經，我喜歡到每個城市透過司機的反饋來了解當地的景氣狀況。

「我賺的沒有特別多，就跟大家一般般啦！」這位大哥回答得含蓄，看起來也不像做這行很多年的老手。

「那你一個禮拜開幾天？」我接著問。

「一個禮拜六天，一天大概十二個小時左右，開了七年多囉！」司機大哥笑笑地回我。

「十二個小時，也算很辛苦吧？」

「還好啦，還是有時間可以陪陪家人。」

「之前呢？」

「之前我在一家媒體公司做亞洲區的行銷總監，薪水比現在多四倍吧！但是每天飛來飛去，小孩子都不認得我了，而且太太也不開心。」

「哇，行銷總監，真的很特別！那整體而言，你覺得現在如何？」

「很不錯！我覺得挺幸福的。」從旁邊看到他的笑容，自己也被感染到開心起來。

人什麼時候才能說「足夠了」呢？很多人都覺得錢賺愈多愈好，車子愈大愈好，職務愈高愈好，可是never enough，到底什麼時候才叫做「夠了」呢？會不會等到覺得夠了，小孩子已經大了，孫子也出生了，或是老婆受不了離開了？這樣的「夠了」，有什麼意義呢？

二〇一一到二〇一二年時，老闆叫我接管大中國市場，承諾幫我大幅調薪。當時想了很久，還是拒絕了這個offer，老闆當然很不開心，連續提了三次，搞到全球CEO都覺得不可思議，覺得我是不是腦袋壞掉了。其實，是我覺得「夠了」，我這輩子從來沒有想過能夠坐上現在這個CEO的位置，所以我一直懷著感恩的心，想為台灣年輕人、中小企業創造價值，讓台灣可以更好。那你說要我再上一層樓，去中國賺更多錢，可那又怎樣呢？你要賺外商的錢，但他要你拿命來換啊！再說，我也不會因為賺更多而更開心。所以想一想，

enough is enough，我就拒絕了，而且拒絕三次，我才知道自己真正想要的是什麼。謝謝公司後來的「無奈」支持，願意讓我拒絕，因為這樣的狀況應該是前無古人吧。

我工作了四十年，反而覺得工作沒有所謂的「誰比較厲害」，能坐上某個位置有太多的因素，絕對不是單純因為能力強而已。再說，開不開心、有沒有成就感、是否達到目標，到頭來也只有自己心裡最清楚。所以，來人世間這一趟，根本不是在跟別人比，而是到最後你想學什麼？想如何展現自己？如何每天比昨天更好一點？你怎麼看待自己？最終成為自己尊敬的人，然後知道任何時候離開，富足都一直伴隨著你。

人生在世，其實最難的是知道自己是誰、要的是什麼，但當你知道了，就會有一種豁然開朗的感覺，就會覺得自己很富足。就像現在的我跟那位計程車司機一樣，有些人是自己選擇退休，有些人是從很高的位置突然下來，但不管是開車、做顧問、學畫或單純做自己，我覺得都好，只要開心就好。那是一種由內而外的富足感，充滿了感恩。

有一次演講時，我跟大家說，很多時候，人家送我東西、跟我拍照，我都告訴自己：這些禮物其實不是送給「我」的，而是送給「集團執行長」這個title的。所以，千萬不可以把自己想得多厲害！講完後大家排隊和我拍照，還有人跟我說：「我是跟妳拍，不是跟執行長拍喔！」

當你能夠自足於自己，覺得「夠了」，你就是富足的。富足的人也很容易辨識：「需要不多，樂於分享」。

但若任何一個時刻你覺得不夠，即便你多賺了五倍的錢，還是會覺得不夠的。人生的功課很有趣，你在這個時刻得不到滿足，在任何時刻也可能很難得到滿足。你覺得這家公司有許多問題，讓你氣到不想待下去，但若你不解決就離開，那個問題一定還會用別的面貌，到你去的任何一個地方糾纏著你。

期待我們身邊的人都能一起富足，並讓這富足像微波般，慢慢、慢慢地，不間斷地傳遞出去。

02 終極的自私

「他真的太過分了，盡踩著別人往上爬。怎麼會這麼自私呢？我就不信他能囂張多久！」坐在對面的朋友，咬牙切齒地憤恨說道。

我淡淡地問：「如果角色互換，你是他的話，你會怎麼做？」

他想了許久，嚥不下這口氣地回說：「可能也是做出一樣的決定，但至少我不會做得這麼難看啊！」

有什麼差別呢？如果做的決定都是一樣的，就算一個是優雅地吃飯，另一個是粗魯地吃飯，結局又有什麼不同？

我覺得人是這樣的，人是要自私的，人是要為自己想的；因為人類如果不自私、不為自己想，早就滅亡了，不然古人就不會講「人不為己，天誅地滅」。但我個人粗淺地認為，人如果要自私，就要確保這個行為最終會讓自己得到好處。也就是說，你做的這個行為，不管是一步或兩步，或者是十步、五十步以後，最終是不是會讓你自己得到好處。如果只是一步、兩步讓你自己得到好處，三步、十步以後卻會讓你得到壞處，那麼這就不是自私，而是「自傷」啊！

當你想要自利，但你的行為已傷害到他人時，那就不是自私，而是自傷。因為在每一次的自利行為中，你挖了坑給別人，當坑愈來愈多時，終有一天你會掉到自己挖的坑裡。因為自利的行為會成為慣性，絕對不會只有一次。

所以當做事或和他人互動時，你可以自私，但要先想一想：我這樣做是暫時讓我得到好處，但長期下來卻會對我不利？還是無論是現在或長期來看都對我有利？如果要自私，不要只做一半；只做一半的自私，短期傷他人，長期鐵定傷自己。

要自私就做徹底，做到「終極的自私」——就是不論如何，要讓自己最終能得到好處，這才是「終極的自私」。

要怎麼做，其實也不複雜。「終極的自私」就是要對別人更好，你想要什麼，就「先」給別人什麼。你想要微笑，就先給別人微笑；你想要方便，就先給別人方便；想要賺錢，就先幫別人賺錢。當別人都因你而好的時候，你要不好也真的很難！「終極的自私」說穿了，就是「圖利他人」，讓周圍的人因你而好、而獲利、而成長，周圍的人因為你好，所以你不可能不好。就像我們的客戶都是業界第一大，我們怎麼可能不是第一大？所以人要自私，那就做徹底一點，做到終極的自私，讓你周圍的人，都因為你而更好。

〈禮運大同篇〉的「老有所終，壯有所用，幼有所長」，對我來說就是「終極的自私」，但我想的是「老有所『養』」，讓年長退休的人找到新的勞動方式，既養身也養心，又能輔導新一代的社會中堅，讓壯年的人有更大的舞台發揮，讓年輕人有好的學習資源並成長。這樣，我相信我們老了也不會有太差的環境。

有人會說這樣的動機很可恥，但不傷人的自私和賺錢可恥嗎？讓別人好，我們也獲利，一點也不可恥，滿口仁義道德，做些見不得人或傷人的事才可恥！讓你的自私推動人類成長，讓社會因你而更好，最終我們一定也是獲利的！

03 每一個選擇都定義了你是誰

「你會去做志工嗎？」我問一個在公司表現得很好，四十二歲左右的資深同事。

「不會啊！我哪來那麼多的時間？捐錢是有啦，但是要捐時間，還挺為難的！」

「我自己也是固定捐錢，但要我固定捐出一個時間，我就只能說抱歉了。」我自言自語道。

想想看，我們好像都是這樣，當看到一些災難發生時，總是用捐錢讓自己覺得對受難者或社會有一點小小的貢獻。這兩年別人來拜託撥點時間做志工，我開始會把時間留給想要建構國際品牌的台灣新一代創業家，例如coach年輕創業家，雖然很費時，但因為是偶一為之，也就還好；但後來我發現時間愈來愈少，自己又忙得要死，所以偶爾想到就過了。然後，過了就過了。所以現在不管在醫院還是圖書館，看到志工時，都對他們特別尊敬。

記得古典經濟學的理論說：交易其實就是用能力去交換能力。那些做志工的人，他們到底換到了些什麼？他們用時間、努力地去做一些事情，但不見得看得到具體或更多的回報，時間對每個人來說都是有去無回的，無比重要，是什麼可以支撐著志工，一直持續地往下走？

之前我去參加了麥當勞叔叔之家慈善基金會（RMHC）的志工感恩餐會，看著幾百個人，年齡從二十幾歲到八十歲的都有，多數都做了五年以上，甚至有人做了十年，我不禁感到困惑，是什麼樣的環境、什麼樣的氣氛，以及什麼樣的動機，讓他們不但把自己的時間貢獻出來，而且還貢獻了這麼久？不管他們是在做什麼樣的事情，是陪伴著這些自遠處來看醫生的孩子，還是縫麥麥熊、對發票、鋪床單、幫疲累奔波於醫院的病童煮晚餐等，到底是什麼支撐著他們？是什麼讓他們不但這樣做，還能持續一直做呢？

第一次看到這麼多志工，我仔仔細細地看著這每一個開心的志工，從他們的臉上、眼中，我突然有個領悟，其實他們沒有人想要任何回饋，對他們而言，只是單純地呈現了自己而已。因為「每一個選擇都定義了你是誰，每一個行為都成就了你是誰的定義」。

在台灣，很多時候有些災難發生，很多人就捐錢、捐血；但是在RMHC、在醫院或是在任何地方，有很多長期、固定的志工，他們不只是捐出他們的時間，還捐出了他們的生命，在這生命裡面包含著他們最多的愛，捐給了這些在人間遭受著苦難的人們。這些志工是人間菩薩，歡歡喜喜地參與著人間的愁苦，讓那些遭受苦難的人們，在苦難的背後看到上帝的臉。

謝謝您們，謝謝您們在台灣不斷貢獻出自己最寶貴的時間、生命，分享您們對人、對這片土地的關愛。您們不在乎任何回報，用善良引導善良，用愛引出更多的愛，您們不僅定義了台灣人對生命的高度，更讓台灣成為地球最美的所在！

04

一根火柴，就能驅散千年的黑暗

「如果上一代是你們所謂的草莓族，那麼我們這一代就是香蕉，一碰就爛，掉在地上還會讓人家滑倒。像我爸爸媽媽就是被我弄滑倒的……」

看著這個年輕人一臉純真，讓我眼淚掉了下來。這麼年輕的小孩，這麼清楚的心智，他們怎麼可能不比我們好？大家都說年輕人只曉得小確幸，心智脆弱，讓人擔心台灣的競爭力，但在一場NGO聚會中，我看到許多年輕人去幫助更多他們不認識、比他們更年輕的小朋友，在他們身上我看到的不是抱怨，而是行動。我來不及擦眼淚，心裡充滿了感動，我對台灣充滿了希望，更充滿了愛。

這群年輕人用他們的行動，走出舒適圈，甚至走到偏鄉裡。他們不再坐在那邊聽大人對他們的要求，或聽大人對他們的訓斥，甚至是大人對他們的絕望；我覺得他們已經不會再在乎上一代在想什麼了，他們在乎的是他們這一代要怎樣讓喜歡的台灣能夠更好。他們不只是要讓自己更好，而且要讓他人因為他們而更好。更讓生命去影響生命，讓台灣能夠因為他們而更好。

有愛很容易，但持續太難；發願很簡單，但實現太難。但看這群年輕人，他們有愛，他們有持續；他們發願，他們也實現。

每一個世代都有不同的面向，當我們批判現在年輕人的時候，是不是只看到了表面？在年輕人的內心深處，因為他們的不匱乏，反而讓他們跟我們有不一樣的需求。他們想要的是在世界上存在的價值；他們想要的是，讓這個社會、這個世界更美好；他們想要做的，可能不只是對自己有益，而是想要讓旁邊的人，也因為他們而有愛、有成長。

我們不要再給自己任何藉口了。看看這些年輕人，他們可以花兩年的時間去偏鄉，帶給小朋友愛跟陪伴。而我們呢？我們還在等，我們要等到退休、要等到賺到足夠的錢，要等到有時間、有能力才要伸出手，但他們什麼都沒有，他們有的只有一個——他們自己本身。他們在沒有錢的時候，在對未來還模模糊糊的時候，就用愛和陪伴，去陪著這些偏鄉的小朋友，讓他們不會因為資源匱乏而失去成長的動力。

所以不要再說自己渺小，永遠不要小看自己。點燃一根火柴，就能夠驅散千年的黑暗，如果我們每個人都可以一根接一根、再接一根地去照亮整個台灣，台灣怎麼可能黑暗？世界也會因為台灣，因為我們，而照得更亮。

05 世界上最難的數學

「我覺得妳是走老運耶！」一群朋友相隔幾十年聊天時，突然有一個老友這樣對我說。

我從小到大，不是被摩托車撞，要不就是叫大夥往前衝，結果自己摔成腦震盪，不然還有為了幫客戶趕素材，半夜在高速公路超速翻車。每次別人在旁邊看我出意外，都覺得我應該穩死的，沒想到還可以活到今天。還記得那次被摩托車撞的時候，鄰居衝去找我媽，說：「妳女兒被摩托車撞死了！」我媽就一路哭到醫院，眼淚都沒停過，那畫面我一輩子都忘不了。

幾年前我碰到一個很大的難題，公司可能會損失一個最大的客戶。那陣子我完全無法入睡，痛苦得要死，每一個清醒的時刻都是煎熬，也不曉得應該要怎麼走下一步，很可能自己會因此失業，年紀一大把了，還有誰會要我？常常到半夜就驚醒。有一個凌晨驚醒後，看著鏡子，我問自己：「若妳沒工作後，妳還有什麼？真的什麼都沒有了嗎？」

我開始仔細反芻我的人生。對耶！我還有家人，還看得到透藍的晴天，還聽得到小鳥唱歌，還聞得到酒香，還有兩個好朋友陪我吃滷味配紅酒，能跑、能跳、能思考……。寫了滿滿了一張紙後，突然發現好像沒有那麼難過了。過了幾天，看到辦公室有一隻蝴蝶飛來飛去，我又把這個畫面鉅細靡遺地寫了下來，就這樣，我開啟了寫「感恩日誌」的習慣，我發現每次寫完，心裡就舒坦許多。

因為「感恩日誌」給我太多的正能量，我愈寫愈有心得，於是要求同仁和我一起寫，我還印了一本封面就叫「感恩日誌」的隨身日記本送給大家。每年年終，我會再把這些感恩故事印出來，貼在電梯口，讓每個員工彼此鼓勵。雖然每天都有一堆令人煩憂的瑣事，但和我們所擁有的比起來，這些憂愁實在微不足道；尤其是很多的苦難，其實是偽裝的祝福。

為什麼不讓自己每天都能感受已經擁有的幸運與幸福呢？我們太容易把擁有的視為理所當然。活在台灣，享受著比以前皇帝更舒適的生活條件，這是承載了多少人的善意，凝聚了多少人的智慧和努力才能享受、擁有的。所以，當我愈來愈好，我就愈來愈感恩，也更想跟身邊的所有人分享這份感恩，目的就是希望別人跟我一樣走運。一個人開心不好玩，大家一起開心才棒；就像喝酒一樣，大家一起喝，才過癮嘛！

美國作家艾瑞克．霍夫（Eric Hoffer）說：「世界上最難的數學，是細數自己擁有的幸福。」若真的要說我走老運，那也應該是我發現了感恩的力量，讓我懂得珍惜才是我人生最大的幸運！我很感謝老天爺，更感激周圍所有我認識和不認識的人，讓我快樂地活到現在，活得開心！

06 夢想實踐的起點：現在

「執行長，聽說您不寫專欄了？」

是啊！「生有時，死有時，天下萬物都有定時」，因為偶然的機緣，我寫了兩年的專欄。為了寫專欄，我不斷觀察自己、觀察別人，更觀察自己和別人的互動，更棒的是我開始沉澱自己的思考，沉澱自己的觀察，並在觀察與沉澱的過程中淬煉自己，也省思如何幫助更多人。學習最多的，其實是我自己。

在專欄裡，我敞開了自己和大家分享，我發現這個分享對別人好像也是有某些意義的，或者這也是老天給我的功課。既然老天給我功課，那麼不論我會面對什麼狀況，都會用盡全力把它做到最好。不論是開部落格、出書、寫專欄，目的都只有一個：如何延續我過去的學習，跟過去一樣和大家分享我的失敗、挫折、害怕、焦慮，以及從中所獲得的學習；如果這些學習能夠對人有所幫助——哪怕只幫助了一個人，我都覺得值得。但更重要的是，我想跟大家分享我的夢想，那就是落實我此生到目前為止最想做的事，讓我周圍的人可以實現〈禮運大同篇〉所說的，老有所「養」，壯有所用，幼有所長。

我覺得，台灣是全世界最能夠實現〈禮運大同篇〉的地方，台灣是我們最愛的地方，所以我們一定要讓台灣成為最美的存在。

我的想法不複雜：趁我還在這個外商，有著全球的資源，能夠讓年輕人學習，因而成長為更好的人；讓中階幹部有舞台，用最短時間投注全球資源與訓練讓他們長大，並獨立作業，負更大的權責（他們想去哪個國家，我就幫他們安排去我們在那個國家的分公司面試）；讓辛苦一輩子的同仁不用擔心老年（可以幫企業做顧問），所以我這兩年運用集團資源，和三所大學合作，免費幫大學生上十八堂課、三個學分，就是期待我們能讓年輕人更好。不要講年輕人不好用、哪裡不好、哪裡需要修改，我們就是那個改變的力量。我們同時也幫中小企業二代和新創年輕人做coach，好不好放在一邊，但我們付出的是絕對的真心、絕對的努力，以及無私的分享。我們更和媒體合作，傾全力幫中小企業建立品牌意識，讓他們能更有價值，能在世界舞台上和別人拚搏。最重要的是，不管是年輕人還是中小企業，年輕的二代都要走出去，站上世界舞台。我們如果不走出去，台灣只會變小；我們如果走出去，台灣會愈打愈強，變得更好。

夢想實踐的起點，就是現在！

07

對台灣有信心

「瑪格麗特，妳怎麼看新一代的小孩啊？現在很多年輕人沒事就選擇出國度假，或是動不動就打工度假，大學畢業卻去國外學端盤子！他們跟我們以前相比，出國年齡愈來愈低也就算了，怪的是大部分都是去亞洲，而不是去歐洲、美國之類的。看起來年輕人對我們台灣好像不太有信心？妳覺得怎麼辦？我們要怎麼樣去燃起這些年輕人對台灣的信心？」

擔任高階主管的朋友這麼憂心忡忡，不管是他家裡的小孩，或者是最近這樣的趨勢，我都可以理解。可是，我還是不懂，大家為什麼這麼擔心呢？

出走就是對台灣沒有信心嗎？人在台灣，對台灣就有信心嗎？很可能你人在台灣、在台灣賺錢，結果所有的積蓄全都存在國外呢！更何況，四、五十年前大家還不是都去美國、英國，那為什麼那時候不會覺得大家對台灣沒有信心呢？

信心從來就不是喊出來的，信心從來就是在一個願景（也可以說是一個夢想）下被燃起，這個願景或夢想可以是領導者或當事人所描繪，也可以是當事人自己一步一腳印走出來的。

什麼叫「沒信心」呢？我認為這個問題應該有兩個面向，一個是「怎麼樣才叫沒信心」？第二個是「對什麼事情沒信心」？如果說你在台灣賺錢，把錢都匯往其他國家，或是擁有多國國籍，這可能表示你對台灣沒有信心，打從心裡先規畫了「備案」，方便出場；可是，如果他只是出去念書，或者是去國外工作，不管他拿的薪水比這邊好或是不好，至少他願意工作、願意體驗，我覺得對他個人的人生都是好的，那些挑戰在未來都會成為他成長的養分。年輕人只要願意做、願意勇敢嘗試，不管去哪裡，我覺得都是好的，也表示他對自己有期許、有夢想，不像我一九九六年去香港工作，不到一年就跑回來台灣了。

現在的年輕人，年紀愈輕愈敢往外面去跑，不管他去哪個國家，我覺得對他們的人生歷程而言，都是好事。

有些人總是嫌現在年輕人只要小確幸，對自己沒信心，我卻認為只要懷抱著夢想、想要成長的企圖，又願意努力拚搏的人，都會構成台灣的蓬勃生命力。信心是在每個努力的人，堅毅地一步一步往目標前進中累積出來的，對自己有信心的人愈多，台灣成長就愈可預期，毫無懸念一定會更好。

至於如何讓年輕人燃起對台灣的信心？我覺得那是我們這些擁有資源的人的責任。我們應該提供願景，提供想像力，更重要的是提供資源，讓年輕人對台灣有所期待。不管他今天在台灣打拚，或是出國留學，甚至在國外工作，都對台灣有情，知道台灣永遠是他們的根。

我寧願這一代的年輕人是「對台灣有愛」「對自己有信心」的，不管是把台灣或把全世界當成舞台，我知道，台灣都將因為他們而更好！

08 一起發光，天就會亮

「瑪格麗特，妳看台灣再這樣下去怎麼得了？經濟愈來愈差，未來也看不到什麼希望。更令人擔心的是那些年輕人，一點也不hungry，這要怎樣跟大陸人拚啊？」這位在大陸買了幾套房、賺了些錢的朋友，口沫橫飛地批評道。

「那你除了批評，又為台灣做了什麼事呢？」我直直望著他的眼睛，冷冷地回應。（難怪大家都不喜歡和我聊天。）

「頭歪歪看什麼都歪的，」我繼續說，「容易賺錢的地方就是好地方嗎？如果厲害，到哪裡都能賺錢不是嗎？幹嘛每次回到台灣，就到處吃吃喝喝，像餓了多久一樣？一生病、一牙痛還立刻買機票回來看醫生。然後呢，姿態還這麼高，對留在台灣、讓你隨時可以回來享福而努力的人指指點點。」

他尷尬地把東西吞下去說：「唉，我也沒什麼意思啦！只是希望台灣能更好。」

「台灣要更好不是靠你嘴巴說說啦，是要靠大家一起行動的！」

之前去參加一個業界的餐會，一個七十歲的總經理，到現在還在全世界飛來飛去地參加展覽，宣揚台灣產品的精緻與高品質，完全不藏私地與業界分享她的觀察與學習。而我最近也在幫台灣中小企業與準備接棒的企業第二代，輔導他們建構品牌。他們這麼年輕也是拚得要死，吃飯的時候不是在接電話，就是在安排事情，沒有人抱怨，每個人臉上都是興奮的，講起生意都眉飛色舞！為什麼？因為他知道他在創造自己的未來，要讓這個產業的人更有尊嚴。

我輔導的另一個新創企業家，兩週在台北、兩週在美國，不但要照顧她新創的數位平台，更不能忽略家中兩個小孩，一天工作十幾個小時。我很擔心她的身體，要她偶爾休個假，她卻總是笑著說：「不累啊，我每天還可以追劇兩個小時舒舒壓，很幸福耶！」她覺得她在做很多很棒的飲食內容，可以分享給所有的華人，讓每個人可以和自己心愛的家人在家中享受美食。

更不要說我們公司兩百五十多人，超過半數是三十歲以下的年輕人，每天盡心盡力為我們客戶的品牌與生意奮戰不懈，對客戶有具體的貢獻和使命感，也為了能帶給台灣更正面的好作品而拚命。我周遭的人，老的、中壯年的、年輕的，甚至之前提過的去偏鄉教書的大學生，大夥都正在用不同的方式與行動來貢獻自己。我們都站在台灣這片土地上，用一次次的行動墊高我們的腳底，也用一次次的行動提升了視野。在摘星的過程中，每個人似乎只能發出微弱的光，但這一個個努力的人所發出的閃爍光芒也形成了星空。我們或許看不到自身發出的光，但一定可以感受到團隊和群體的能量，當眾星閃爍時，台灣一定是世界上最美的所在。

每多一次抱怨，就多一個黑暗，一群人發出抱怨，就形成了一片的黑暗，那黑暗不只會吞噬別人，肯定也會把你一起吞噬；但如果能夠在抱怨後加一點行動去改善，就能因這行動擦出一點火光，當我們慢慢一起發光的時候，整個天也就亮了。永遠不要小看自己，更不要給自己藉口；下次抱怨的時候，加一個行動吧！加上你的建設能量與讓事情變好的行動！一起發光，天就會亮。

後記

只要活著，就要開心地大步前進

這輩子我從來沒有想過出書，就好像我從來沒有想過會坐上CEO這個位置，更沒想到坐上的位置是外商的CEO。

站在資方與勞方的交叉點，讓我清楚地感受到其實我不是資方，也不是勞方。事實上，我覺得所有的創業者都跟我一樣，同時兼具這兩種角色。很多時候，我們會抱怨所處的環境跟位置，可是我們也可以透過抱怨來看到機會。在這過程中我受了很多的傷，但是不可諱言地，每個受傷的部位都讓我變得更加堅強，而這個堅強也能夠給予同仁更多的回饋。更幸運的是，同仁給我的比我給他們的更多。

這本書能夠成形，我要感謝身邊所有的人。我活在這個世界上六十年，每一個我碰到的人，都是我學習的對象，都是我今天之所以能夠坐在這個位置、之所以能夠成為今天這個我的原因。他們都是我的貴人，也是我的天使。我要以這本書，獻上我內心最深處的感謝與最誠摯的感恩。

很多可以做但是不能說，又或是大家都不好說出口的事，我也要「青瞑毋驚槍」地和讀者分享。最主要的目的是，希望讀者能夠透過我，看到以前沒有看到的，或是可能不會去看的一些事情；更希望讓大家知道，每個人都有無限的潛能，都有能力讓台灣更好。如果一個像我這樣什麼都沒有的人，能夠坐上今天這個外商CEO的位置，資源比我更強大、資質比我更好的你們，當然可以做得更好。

我很幸運，活在現在這個高度發展的時代，我們所擁有跟使用的東西，其品質與功能沒有一個是以前的我可以想像得到的。在這個時代，任何一個中產階級，應該都過得比以前的皇帝還要好。然而，我年輕時的那個世代，每天都覺得明天一定會更好，很多事情都可以規畫；下一個年輕的世代卻總覺得未來似乎有很多不確定性，擔心明天不一定會更好。我必須告訴年輕人：你們手上可用的資源，一點都不比我們少，只是我們給你們的環境、讓你們看到的未來比較模糊不定。但那卻是個必然，因為畢竟這個世界轉變得太快，這二十年來人類的知識，可能是過去兩千年的總和。

所以，對於未來，我期待大家不要再去思考哪個世代欠哪個世代，或是哪個時代不夠好、哪個時代更好，讓我們老、中、青三個世代一起共創未來，讓世人知道台灣是個「不獨親其親，不獨子其子」，將中華文化發揮得淋漓盡致的好地方；讓世人知道台灣人的心地如此善良，不僅對人溫文有禮，還具有廣泛的同理心與積極的行動力，有最多的志工跑遍全世界。我們有這麼多漂亮的腦袋，讓我們能夠對這個世界貢獻得更多，在快速推進的時代巨輪中，扮演關鍵的齒輪。

謝謝每一位願意花錢買這本書的讀者，更謝謝你願意花時間來讀這本書。希望你能夠因此更加肯定自己在這世界上的獨一無二，並對周圍的人產生正面、積極的能量。對我而言，這就是最好的報酬與福分，以及對這個社會最直接的回饋。

本書所有版稅，全額捐助家扶基金會、博幼社會福利基金會以及至善社會福利基金會。雖然我自己每年都會捐助家扶與博幼，但其實這是我最偷懶的做法，因為我總覺得真正應該捐的是時間、注意力與能量；只是我知道有人可以做得比我更好，所以我就用偷懶的方式來盡一己之力，希望讓做得比我更好的人產出更多的貢獻，希望透過教育與學習，改變更多人的一生——今天的我對此有清楚的認知。我的學歷不夠好，但是透過在鄉野與市場上的學習，或是跟客戶與同仁的學習，讓我在人生路上不斷地往前邁進。雖然偶爾因為這樣而摔跤受傷，但是只要活著，都讓我更開心地大步前進。

最後，我要感謝先覺出版社的忠穎、佩文、宛蓁、雅錚、怡慧與惟儂的協助和規畫，以及簡志興執行長的肯定，沒有他們，這本書不可能出現。我更要感謝張治亞策略長多年來諄諄教導我許多專業品牌知識，並不厭其煩地幫我刪減與潤飾本書；周子元這幾年對我在數位社群上的啟蒙；以及李奧貝納公司所有同仁、客戶與合作夥伴，沒有你們，李奧貝納不可能持續成長並「伸手摘星」。每一天我們一起創造價值，在互動中成就彼此，更讓我明白，只要你給自己機會，就會發現自己可以做的事比想像中更多。你是一個比你想像中更好、更強大的存在。

Eurasian Publishing Group
圓神出版事業機構

先覺出版社
Prophet Press

www.booklife.com.tw　　reader@mail.eurasian.com.tw

商戰 199

外商CEO內傷的每一天

作　　者／黃麗燕（瑪格麗特）
發 行 人／簡志忠
出 版 者／先覺出版股份有限公司
地　　址／台北市南京東路四段50號6樓之1
電　　話／（02）2579-6600．2579-8800．2570-3939
傳　　真／（02）2579-0338．2577-3220．2570-3636
總 編 輯／陳秋月
資深主編／李宛蓁
專案企畫／尉遲佩文
責任編輯／蔡忠穎
校　　對／黃麗燕．蔡忠穎．李宛蓁
美術編輯／林雅錚
行銷企畫／詹怡慧．黃惟儂
印務統籌／劉鳳剛．高榮祥
監　　印／高榮祥
排　　版／杜易蓉
經 銷 商／叩應股份有限公司
郵撥帳號／18707239
法律顧問／圓神出版事業機構法律顧問　蕭雄淋律師
印　　刷／祥峯印刷廠
2019年12月　初版
2023年11月　17刷

本書封面、折口與內頁照片，皆為林煜幃所攝

定價 330 元　　ISBN 978-986-134-351-8

永遠不要讓任何人決定你的人生，永遠不要爲任何人停下你前進的腳步，永遠不要讓你的「必然」驚嚇你，更不要讓你避之唯恐不及的「偶然」成爲你未來的「必然」。

——黃麗燕，《外商CEO內傷的每一天》

國家圖書館出版品預行編目資料

外商CEO內傷的每一天／黃麗燕（瑪格麗特）著.
-- 初版 .-- 臺北市：先覺，2019.12
272 面；14.8×20.8 公分 --（商戰；199）
ISBN 978-986-134-351-8（平裝）

1. 領導者　2. 企業領導　3. 職場成功法

494.21　　108017365

殺價的本質——
殺價前談價格，殺價後就跟你談規格

十字路口不要站太久，一定會被撞的。

做買賣是關係的終點，
做生意則是關係的起點。

無效最貴！

若無法突破對「價格」的恐懼，
就很難創造對「價值」的想像。

沒有期待值是最好的起點。

真正想做一件事、真的想讓它發生，
那麼天王老子也擋不住你，你一定會用盡所有方法、
人脈、創意讓它成真。

你可以低估自己，
但不要低估團隊的價值，
更不要賤賣團隊。

「無可取代」才能「無從比較」，更「無法比價」。

想當萬人迷，很容易萬箭穿心；
要做萬應公，要準備萬劫不復。

有愛很容易，但持續太難；
發願很簡單，但實現太難。

不要讓人信任你的專業，
卻不放心你的承諾。

自己把自己幹掉，你還能升天到另一個高度；
等別人把你幹掉，你就只剩下幾塊面目全非的殘肉了。

官僚就是什麼事都不做，
直到boss叫你做。

任何事，只要超過一個人要負責，
就是不會有人負責！

你若無心，公司很難對你有情。

不要try your best，
要commit yourself。